ÜBER POLYÄTHYLENOXYD

EIN BEITRAG ZUR KENNTNIS HOCHMOLEKULARER STOFFE

INAUGURAL-DISSERTATION

ZUR

ERLANGUNG DER DOKTORWÜRDE

EINER

HOHEN NATURWISSENSCHAFTLICH-MATHEMATISCHEN FAKULTÄT

DER

ALBERT-LUDWIGS-UNIVERSITÄT

ZU FREIBURG I. BR.

VORGELEGT VON

HEINRICH LOHMANN
AUS BRINKUM BEI BREMEN

1932

SONDERABDRUCK AUS H. STAUDINGER:
DIE HOCHMOLEKULAREN ORGANISCHEN VERBINDUNGEN,
KAUTSCHUK UND CELLULOSE

Springer-Verlag Berlin Heidelberg GmbH 1932.

Dekan: Prof. Dr. H. Schneiderhöhn
Referent: Prof. Dr. H. Staudinger

ISBN 978-3-662-28058-4   ISBN 978-3-662-29566-3 (eBook)
DOI 10.1007/978-3-662-29566-3

MEINEN LIEBEN ELTERN

Die vorliegende Arbeit wurde im Chemischen Laboratorium der Albert-Ludwigs-Universität zu Freiburg i. Br. ausgeführt und am Ende des Wintersemesters 1930/31 abgeschlossen. Termin der mündlichen Prüfung: 19. Mai 1931.

Meinem hochverehrten Lehrer, Herrn Professor Dr. H. Staudinger, auf dessen Anregung hin diese Arbeit unternommen wurde, möchte ich an dieser Stelle für die zahlreichen, wertvollen Ratschläge und die freundliche Unterstützung meinen besonderen Dank aussprechen.

C. Das Polyäthylenoxyd, ein Modell der Stärke[1].

Bearbeitet von H. LOHMANN[2].

I. Übersicht der Ergebnisse.

In der ersten Arbeit über das polymere Äthylenoxyd von H. STAUDINGER und O. SCHWEITZER[3] wurde nachgewiesen, daß eine polymer-homologe Reihe von Polyäthylenoxyden dadurch herzustellen ist, daß man Äthylenoxyd unter wechselnden Bedingungen polymerisiert; in dieser verändern sich die physikalischen Eigenschaften der einzelnen Vertreter mit steigendem Molekulargewicht. Es wurde insbesondere gezeigt, daß zwischen dem kryoskopisch bestimmten Molekulargewicht und der spez. Viscosität gleichkonzentrierter Lösungen ein Zusammenhang besteht. Außerdem wurde die Krystallisationsfähigkeit der Polyäthylenoxyde untersucht und damit bewiesen, daß ein hochmolekularer Stoff aus Lösung krystallisieren kann, dadurch, daß sich die langen Fadenmoleküle parallel lagern.

In der vorliegenden Arbeit wurden durch geeignete Wahl der Versuchsbedingungen Polyäthylenoxyde vom Molekulargewicht 160—13000, die einem Polymerisationsgrad von 3—300 entsprechen, dargestellt. Das gewöhnliche Polyäthylenoxyd wurde dabei als Dihydrat von der Formel (I) erkannt[4].

I. $HO-CH_2-CH_2-O-[CH_2-CH_2-O]_x-CH_2-CH_2-OH$

II. $CH_3-CO \cdot O-CH_2-CH_2-O-[CH_2-CH_2-O]_x-CH_2-CH_2-O \cdot CO-CH_3$

Durch Acetylieren ließen sich diese hochpolymeren Alkohole in die Diacetate von der Formel (II) überführen. Die Übereinstimmung der kryoskopisch

---

[1] 65. Mitteilung über hochpolymere Verbindungen.
[2] LOHMANN, H.: Inaug.-Diss., Freiburg i. Br. 1931.
[3] Ber. Dtsch. Chem. Ges. **62**, 2395 (1929).
[4] Dieses Produkt wird im folgenden einfach als Polyäthylenoxyd bezeichnet, da bei höheren Polymerisationsgraden der Einfluß der Hydroxylgruppen gering ist und für viele Versuche nicht in Betracht kommt.

gefundenen Molekulargewichte mit den aus dem Acetylgehalt der Acetate errechneten bewies, daß hiermit tatsächlich das normale Molekulargewicht bestimmt worden ist und nicht etwa das koordinative oder das Micellgewicht. Weiterhin wurde gezeigt, daß die Beziehung zwischen Viscosität und Molekulargewicht von der Formel $\frac{\eta_{sp}}{c} = K_m \cdot M$ auch hier gültig ist. Die Größe der K_m-Konstante war zunächst mit den üblichen Vorstellungen über Fadenmoleküle nicht zu vereinbaren und führte zu einer besonderen Auffassung über die Gestalt der Polyäthylenoxydkette, durch die auch die sonstigen Eigenschaften dieser Substanz eine zwanglose Erklärung finden. Dabei ergaben sich Analogien zum Bau des Stärkemoleküls[1].

Versuche, außer den Dihydraten und ihren Diacetaten noch andere polymerhomologe Reihen, etwa mit stickstoffhaltigen Endgruppen, darzustellen, führten zu keinem einwandfreien Resultat.

Alle untersuchten Substanzen haben hemikolloide Eigenschaften. Ihre Molekulargewichte lassen sich kryoskopisch ermitteln. Ihre Lösungen gehorchen dem HAGEN-POISEUILLEschen Gesetz.

II. Polymerisation des Äthylenoxydes.
1. Allgemeines.

Die Polymerisation des Äthylenoxydes tritt nur ein, wenn sie durch entsprechende Katalysatoren angeregt wird. Als solche wurden schon in der vorigen Arbeit Ätzkali, Zinkchlorid und Zinnchlorid, Natrium und Kalium, Natriumoxyd, Trimethylamin und Triäthylphosphin beschrieben. Jetzt wurde, außer den Äthyl- und Methylaminen, noch Natriumamid als wirksamer Katalysator gefunden. Die Dauer der Polymerisation wird durch die Menge des Katalysators beeinflußt, doch hängt sie auch von unsicheren Faktoren ab, wie dem Verteilungsgrad des Katalysators usw., weswegen die Zeiten nicht immer zu reproduzieren sind. Im allgemeinen führen die verschiedenen Katalysatoren zu Substanzen von annähernd gleichem Durchschnittspolymerisationsgrad (ca. 50). Eine Ausnahme hiervon macht nur das Natriumamid, das Produkte vom Durchschnittspolymerisationsgrad ca. 300 liefert. Von der angewandten Katalysatormenge scheint die Durchschnittskettenlänge weitgehend unabhängig zu sein; Versuche mit Trimethylamin führten jedenfalls bei einfacher und doppelter Katalysatormenge zum gleichen Produkt. Anders ist es bei Kalilauge. Eine größere Menge davon liefert kleinere Moleküle des Polymerisats, was auch verständlich ist, da die Enden einer Kette durch Wasser abgesättigt werden und eine höhere Konzentration von Wasser den baldigen Abschluß einer Kette durch eine Hydroxylgruppe fördert.

2. Verlauf der Polymerisation.

Alle durch Katalysatoren entstehenden Polyäthylenoxyde sind Dihydrate, tragen also an den Enden der Ketten Hydroxylgruppen. Über ihre Entstehung könnte man sich zunächst folgende Vorstellung machen. Ein Äthylenoxydmolekül lagert ein Molekül Wasser an, das entstandene Glykol reagiert mit einem weiteren Äthylenoxyd, und so wächst die Kette langsam weiter. Der Versuch zeigt tatsächlich, daß Glykol, das einem solchen Reaktionsgemisch zugesetzt

[1] Vgl. S. 75.

wurde, nach dem Auspolymerisieren verschwunden ist, also zum Aufbau der großen Moleküle gedient hat. Dasselbe war der Fall mit Äthylenchlorhydrin. Liegt wirklich ein solcher Polymerisationsverlauf vor, so sollten, wenn man die Polymerisation in verschiedenen Stadien unterbricht, Produkte verschiedenen Durchschnittspolymerisationsgrades erhalten werden. Ein Versuch mit Trimethylamin als Katalysator zeigte jedoch, daß in den verschiedenen Stadien der Reaktion immer nur monomeres Äthylenoxyd neben zunehmenden Mengen eines Polymerisates vorhanden sind, dessen Durchschnittsmolekulargewicht genau so hoch war, wie das eines völlig zu Ende polymerisierten Produktes. Die Bildung einer Polyäthylenoxydkette verläuft demnach durch Kettenreaktion. Ein durch den Katalysator oder sonst irgendwie „angeregtes" Molekül lagert ein anderes an; die Kette wächst sehr rasch, und zwar so lange, bis eine Absättigung der Endvalenzen eintritt.

Für die Absättigung der Endvalenzen kann eine völlig befriedigende Erklärung noch nicht gegeben werden. Die Vorstellung, daß sich das Äthylenoxyd in Vinylalkohol umwandelt, von dem sich dann ein Molekül an ein anderes anlagert (Formel III), ist, wie gesagt, unwahrscheinlich. Es zeigte sich außerdem, daß eine Doppelbindung als Endgruppe der Polyäthylenoxydkette nicht vor-

III. $\left\{\begin{array}{l} CH_2=CHOH + CH_2=CHOH \rightarrow CH_2=CH-O-CH_2-CH_2OH \\ + CH_2=CHOH \rightarrow CH_2=CH-O-CH_2CH_2OCH_2CH_2OH \end{array}\right.$

handen ist. Da weiter alle untersuchten Polymerisate sich als zweiwertige Alkohole erwiesen, die pro Molekül zwei Hydroxylgruppen tragen, so muß angenommen werden, daß die durch ein „angeregtes" Molekül hervorgerufene Kettenreaktion schließlich dadurch abgebrochen wird, daß an beide Enden Hydroxylgruppen treten. Diese Hydroxylgruppen traten auch auf, wenn die Polymerisation unter völligem Wasserausschluß vorgenommen wurde. Dieses Wasser kann daher nur aus dem Äthylenoxyd selbst stammen, und man muß annehmen, daß ein kleiner Teil des Äthylenoxydes in Wasser und evtl. Acetylen zerfällt.

IV.[1] $\left\{\begin{array}{c} -[CH_2-CH_2-O]_x-CH_2-CH_2-O- \\ +(-CH_2-CH_2-O-) \\ \downarrow \\ HO-[CH_2-CH_2-O]_x-CH_2-CH_2-OH \\ + HC\equiv CH(?) \end{array}\right.$

Das entstehende Acetylen konnte zwar als solches nicht nachgewiesen werden. Anzunehmen ist, daß es seinerseits ebenfalls polymerisiert, und die bei den Polymerisaten häufig auftretende Braunfärbung könnte auf solche Nebenreaktionen zurückzuführen sein. Die Länge einer Kette wäre demnach bedingt durch die Konzentration der „angeregten" Moleküle, die wiederum von der Art des Katalysators abhängig ist. So ist es verständlich, daß einige besonders langsam wirkende Katalysatoren Fadenmoleküle von größerer Länge geben.

Primäre und sekundäre Amine sollten nach diesen Vorstellungen ebenfalls die Enden solcher Ketten absättigen können; man käme dann zu Produkten, die pro Molekül ein Atom N tragen. Es wurden mit Mono- und Dimethylamin auch solche N-haltigen Polymerisate hergestellt, doch stimmte der N-Gehalt mit dem Molekulargewicht nicht überein, sondern war in allen Fällen ge-

---

[1] Schematische Formulierung.

ringer. Hieraus geht hervor, daß außer der Absättigung durch Amin auch noch ein Zerfall „angeregter Moleküle" stattfindet, der zu hydroxylhaltigen Verbindungen führt und sich scheinbar nicht ausschließen läßt. Anders ist es dagegen bei der Polymerisation in Gegenwart von β-Chloräthanol. Die hierbei auftretenden Polyäthylenoxyd-chlorhydrine haben tatsächlich den ihnen zukommenden Chlorgehalt[1].

Bei Anwesenheit einer größeren Menge Amin geht außer der durch die „angeregten Moleküle" hervorgerufenen Kettenreaktion noch eine kondensierende Polymerisation vor sich, die zu höhermolekularen Aminoalkoholen führt (Formel V):

$$\text{V.} \quad \begin{cases} CH_2\!\!-\!\!CH_2 + HN(CH_3)_2 \rightarrow HOCH_2CH_2N(CH_3)_2 + CH_2CH_2 \rightarrow \\ \diagdown O \diagup \diagdown O \diagup \\ HOCH_2CH_2OCH_2CH_2N(CH_3)_2 \end{cases}$$

Diese Reaktion geht aber langsam vor sich und macht sich nur, wenn Amin und Äthylenoxyd etwa im Verhältnis 1 : 5 bzw. 1 : 10 vorhanden sind, deutlich bemerkbar. Bei den so entstehenden Produkten stimmt das Molekulargewicht mit dem N-Gehalt überein. Eine solche kondensierende Polymerisation lag auch der Bildung der von LOURENÇO und WURTZ[2] dargestellten niederen Polyäthylenoxyd-dihydrate und -diacetate zugrunde. Bei diesen Versuchen wurde die Bildung niederer Polymerisate beobachtet, vom Polymerisationsgrad 5—6, woraus ebenfalls folgt, daß diese kondensierende Polymerisation nur langsam verläuft und daher zu niederen Polymerisaten führt. Bei der Polymerisation mit Methylamin konnten in einem Falle zwei Schichten beobachtet werden, von denen die untere, flüssige die niederen Aminoalkohole, die obere, feste das Gemisch der Polyäthylenoxyddihydrate und der hochpolymeren Aminoalkohole, die durch Kettenreaktion entstanden sind, enthielt.

Bei der Polymerisation des Äthylenoxyds kann man also unterscheiden zwischen einer Kettenreaktion, die hervorgerufen wird durch „angeregte Moleküle"; dabei erfolgt die Absättigung der ungesättigten Endvalenzen in den meisten Fällen durch Wasser, das evtl. aus einem Zusammenstoß mit einem weiteren „angeregten Molekül" herrührt, oder seltener durch primäre und sekundäre Amine; ferner kann man eine kondensierende Polymerisation beobachten, die nur bei Anwesenheit größere Mengen Amin sich bemerkbar macht. Die Kettenreaktion entspräche der Bildung des Polystyrols, die kondensierende Polymerisation der der Polyoxymethylendihydrate in wässeriger Lösung[3].

3. Explosiver Verlauf der Polymerisation.

Es ist verständlich, daß die oben dargestellte Kettenreaktion bei sehr wirksamen Katalysatoren, d. h. solchen, die viele „angeregte Moleküle" erzeugen, einen außerordentlich heftigen Verlauf nehmen kann. Da die Reaktionsprodukte wegen des niedrigen Siedepunktes des Äthylenoxydes (12,5°) in Bombenrohre eingeschmolzen wurden, kamen Explosionen derselben vor. Bei Berücksichtigung der thermischen Daten des Äthylenoxyds und seiner Polymeren werden diese

---

[1] Aus Aminen und Äthylenoxyd sollten in gleicher Weise hochmolekulare Aminoalkohole entstehen. Eventuell ist die Bildung von Polyäthylenoxyd-Chlorhydrine begünstigter als die von hochmolekularen Aminoalkoholen.
[2] LOURENÇO: Ann. Chim. phys. **67**, 274 (1863). — WURTZ: Ebenda **69**, 330 (1863).
[3] Vgl. S. 149, ferner S. 255.

Tatsachen verständlich. In der Tabelle 137 sind die Verbrennungswärmen des monomeren Äthylenoxydes[1] und die seiner Polymerisate[2] zusammengestellt.

Tabelle 137. Verbrennungswärmen.

		Verbrennungswärme in	
		cal. pro g	cal. pro Mol bzw. Gd-mol.
Monomeres Äthylenoxyd	flüssig	6870	302,5
	gasförmig	6989	307,7
Polyäthylenoxyde vom Molekulargewicht	2500	6335	278,9
	2800	6377	280,8
	5000	6355	279,8

Hieraus folgt eine Polymerisationswärme von ca. 22 Cal pro Mol, während die Verdampfungswärme nur 5—6 Cal pro Mol beträgt. Die bei einer raschen Polymerisation auftretenden Drucke können daher die Widerstandsfähigkeit des Glases überschreiten und Explosionen verursachen. Da bereits geringe Mengen von Katalysatoren diese Explosionen hervorrufen und sie schon bei geringer Temperaturerhöhung recht heftig werden, ist beim Arbeiten mit flüssigem Äthylenoxyd Vorsicht geboten.

III. Eigenschaften des Polyäthylenoxydes.

1. Die polymer-homologe Reihe der Polyäthylenoxyde.

Das durch Polymerisation mit Katalysatoren erhaltene Polyäthylenoxyd ist keine einheitliche Substanz, sondern ein Gemisch polymer-homologer Verbindungen, das sich in Fraktionen von verschiedenem Polymerisationsgrad trennen läßt[3]. Es wurden durch die Anwendung verschiedener Katalysatoren Polymerisate von verschiedenem Durchschnittsmolekulargewicht hergestellt, die in Fraktionen vom Durchschnittspolymerisationsgrad 3—300 zerlegt werden konnten. In dieser Reihe der Polyäthylenoxyde ändern sich mit dem Molekulargewicht sowohl die spez. Viscositäten der Lösungen wie auch die physikalischen Eigenschaften der festen Substanz, deren Veränderungen durch das Anwachsen der zwischenmolekularen Kräfte mit zunehmender Kettenlänge verursacht werden. In Tabelle 138a und 139 kommt dies zum Ausdruck.

Die Schmelzpunkte sind unscharf. Die Substanzen fangen schon vorher an zu sintern. Es rührt dies daher, daß auch in den Fraktionen keine einheitlichen Substanzen vorliegen, sondern nur Gemische Polymerhomologer. Trotzdem kann man hier von einem Schmelzpunkt reden, da die Substanzen krystallisiert sind. Ein deutliches Ansteigen des Schmelzpunktes tritt mit zunehmender Kettenlänge ein. Da die Ketten auch bei verschiedener Länge gleichen Bau haben, werden von einem bestimmten Polymerisationsgrad an die Unterschiede der physikalischen Eigenschaften benachbarter Glieder so gering, daß sie zu einer Trennung nicht mehr ausreichen. Eine Reindarstellung der einzelnen Glieder wird daher nur etwa bis zu einem Polymerisationsgrad 10 möglich sein[4].

---

[1] LANDOLT-BÖRNSTEIN: 5. Aufl. S. 1595.
[2] Diese Daten verdanken wir Herrn Prof. SCHLAEPFER, Zürich.
[3] STAUDINGER, H., u. O. SCHWEITZER: Ber. Dtsch. Chem. Ges. 62, 2395 (1929).
[4] Vgl. S. 225.

Das Polyäthylenoxyd, ein Modell der Stärke.

Tabelle 138a. Kalilauge-Polymerisate.

Polymerisationsgrad	Hygroskopizität	Schmelzpunkt	Aussehen	Löslichkeit	η_{sp} in 1— gdmol. Lösung in Benzol bei 20°
ca. 18[1]	—	27—44°	—	—	0,26
17	hygroskopisch	25—29°	halbfest	löslich in kaltem Äther	0,20
20	hygroskopisch	36—42°	halbfest	löslich in wenig warmem Äther	0,23
27	hygroskopisch	40—48°	halbfest	löslich in viel warmem Äther	0,32
39	nicht hygroskopisch	48—52°	fest, wachsartig[2]	unlöslich	0,40

Trimethylamin-Polymerisate.

ca. 49[1]	—	44—55°	—	—	0,52
24	hygroskopisch	33—38°	halbfest	löslich in kaltem Äther	0,26
35	hygroskopisch	43—47°	halbfest	löslich in warmem Äther	0,28
51	nicht hygroskopisch	47—53°	fest, wachsartig[2]	unlöslich	0,47
56	nicht hygroskopisch	49—55°	fest, wachsartig[2]	sinkende Löslichkeit in Äther-Benzol-Gemisch	0,48
64	nicht hygroskopisch	50—56°	fest, wachsartig[2]	sinkende Löslichkeit in Äther-Benzol-Gemisch	0,55
81	nicht hygroskopisch	50—57°	fest, wachsartig[2]	sinkende Löslichkeit in Äther-Benzol-Gemisch	0,65

Tabelle 138b.

Fraktion vom Polymerisationsgrad	Schmelzpunkt	Mischschmelzpunkte
37	35—40°	35—50°
70	42—54°	40—60°
290	55—70°	

Durch den gleichen Bau der Ketten erklärt sich auch die Tatsache, daß bei Mischschmelzpunkten zweier verschiedener Fraktionen keine Depressionen zu beobachten sind.

Die Mischschmelzpunkte liegen nach Tab. 138b zwischen den Werten der beiden Komponenten.

2. Löslichkeit der Polyäthylenoxyde.

Die auffallendste Eigenschaft der Polyäthylenoxyde ist ihre leichte Löslichkeit, von der die Tabelle 139 einen Überblick gibt.

Tabelle 139.

Polymerisationsgrad	10	30	100	300	2000[3]
Wasser . . .	mischbar	mischbar	mischbar	mischbar	lösl.; Quellung
Formamid .	leicht löslich	leicht löslich	leicht löslich	leicht löslich	lösl.; Quellung
Dioxan . . .	leicht löslich	leicht löslich	leicht löslich	leicht löslich	schwer lösl.; Quellung
Äther . . .	löslich	schwer lösl.	unlöslich	unlöslich	unlöslich
Chloroform .	löslich	löslich	löslich	schwer lösl.	unlöslich

Auch in Alkohol, Eisessig und Benzol sind die niederen Glieder leicht löslich. In letzterem Lösungsmittel machen sich allerdings bei den ganz niederen Gliedern

---

[1] Unfraktioniertes Gemisch.

[2] Die Substanzen sind im geschmolzenen Zustand wachsartig, beim Ausfällen aus ihren Lösungen erhält man sie pulverig.

[3] Das eukolloide Polyäthylenoxyd ist in dieser Arbeit noch nicht beschrieben.

(bis zum Polymerisationsgrad 10) die Hydroxylgruppen bemerkbar und sie sind daher in Benzol schwer löslich, während Glykol darin unlöslich ist. Ebenso ist ihre Hygroskopizität auf diesen Einfluß der Hydroxylgruppen zurückzuführen.

Die gute Löslichkeit der Polyäthylenoxyde ist im Vergleich mit anderen Kettenmolekülen sehr auffällig. Der Bau dieser Kette sollte analog dem der Polyoxymethylene und Paraffine sein.

VI.
$$\diagup C \diagdown_{H_2}^{H_2} C \diagup_{H_2}^{H_2} C \diagdown_{H_2}^{H_2} C \diagup_{H_2}^{H_2} C \diagdown_{H_2}^{H_2} C \diagup_{H_2}^{H_2} C \diagdown_{H_2}^{H_2} C \diagup$$

Paraffinkette

VII.
$$\diagup C \diagdown_{O}^{H_2} C \diagup_{O}^{H_2} C \diagdown_{O}^{H_2} C \diagup_{O}^{H_2} C \diagdown_{O}^{H_2} C \diagup$$

Polyoxymethylenkette

VIII.
$$\diagup C \diagdown_{C}^{H_2} \diagup^{O} \diagdown C \diagup_{H_2}^{H_2} C \diagdown_{H_2}^{H_2} C \diagup^{O} \diagdown C \diagup$$

Polyäthylenoxydkette

Aus diesem analogen Bau des Krystallgitters sollten auch analoge Eigenschaften, wie ähnlicher Schmelzpunkt und ähnliche Löslichkeit, folgen. Das Polyäthylenoxyd müßte hiernach in seinen Eigenschaften zwischen den Paraffinen und Polyoxymethylenen stehen. Die folgende Tabelle 140 zeigt aber, daß es völlig aus dem erwarteten Rahmen herausfällt.

Tabelle 140.

Paraffine			Polyoxymethylen-dimethyläther				Polyäthylenoxyde			
Zahl der Kettenatome	Schmelzpunkt	Löslichkeit in CHCl$_3$	Polymerisationsgrad	Zahl der Kettenatome	Schmelzpunkt	Löslichkeit in CHCl$_3$	Polymerisationsgrad	Zahl der Kettenatome	Schmelzpunkt	Löslichkeit in CHCl$_3$
30	66°	löslich	14	31	100°	löslich	10	31	flüssig	leicht löslich
60	101°	schwer lösl.	29	61	150°	schwer lösl.	20	61	35—40	leicht löslich
90	110°	schwer lösl.	44	91	160°	sehr schwer löslich	30	91	40—45	leicht löslich

Man sieht daraus, daß, während gleichlange Paraffin- und Polyoxymethylenketten annähernd dieselben physikalischen Eigenschaften haben, dem Polyäthylenoxyd eine Ausnahmestellung zukommt. Aus den Viscositätsmessungen folgt außerdem, daß die Polyäthylenoxydkette nicht die Länge besitzt, die ihr nach obiger Formel VIII zukommen sollte, sondern viel kürzer ist, und zwar ungefähr die Länge einer Polyoxymethylenkette gleichen Polymerisationsgrades hat. Daher muß ein anderer Bau der Kette angenommen werden, als bei den Polyoxymethylenen. Folgende Vorstellung von dem Bau der Kette macht diese auffälligen Eigenschaften der Polyäthylenoxydkette verständlich (Formel IX):

IX.
$$H_2C \diagup^{O} \diagdown CH_2 \quad H_2C \diagup^{O} \diagdown CH_2 \quad H_2C \diagup^{O} \diagdown CH_2 \quad H_2C \diagup^{O} \diagdown$$
$$\diagdown CH_2 \quad H_2C \diagdown_{O} \diagup CH_2 \quad H_2C \diagdown_{O} \diagup CH_2 \quad H_2C \diagdown_{O} \diagup CH_2$$

Diese mäanderartige Form[1] der Kette ist viel sperriger und kürzer. Die gute Löslichkeit besonders in Dioxan sowie die niedrigen Schmelzpunkte finden dadurch eine befriedigende Erklärung.

Unterschiede in der Löslichkeit zwischen Polyäthylenoxyd-dihydraten und ihren Diacetaten sind nur bei den niederen Gliedern vorhanden. Die ersteren sind infolge der endständigen Hydroxylgruppen in Benzol schwer löslich, die Diacetate dagegen sind sämtlich in Benzol löslich. Bei höheren Gliedern, etwa vom Polymerisationsgrad 20 an, ist praktisch kein Unterschied in der Löslichkeit zwischen Dihydraten und Diacetaten mehr bemerkbar, da die Endgruppen, die diese Löslichkeit bedingen, einen zu kleinen Teil der großen Moleküle ausmachen.

3. Vergleich mit Cellulose und Stärke.

Dieselben Unterschiede in der Löslichkeit wie zwischen Polyoxymethylenen und Polyäthylenoxyden bestehen zwischen Cellulose und Stärke. Es ist anzunehmen, daß dieselben ebenfalls durch eine Verschiedenheit in der Form der Moleküle begründet sind. Die Cellulose besitzt langgestreckte Fadenmoleküle wie das Polyoxymethylen; deshalb sind beide unlöslich. Die Moleküle der Stärke sind dagegen mäanderförmig, wie die des Polyäthylenoxyds[2]. Damit hängt die leichtere Löslichkeit dieser Verbindungen zusammen.

4. Krystallbau der Polyäthylenoxyde.

Den Entscheid, ob im krystallisierten Polyäthylenoxyd Moleküle von der Formel VIII oder IX vorliegen, sollte die röntgenographische Untersuchung erbringen. Es ist jedoch noch nicht geglückt, Faserdiagramme aufzunehmen. Bis jetzt konnten nur DEBYE-SCHERRER-Diagramme aufgenommen werden, die nur

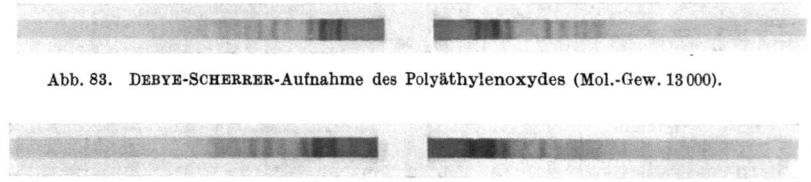

Abb. 83. DEBYE-SCHERRER-Aufnahme des Polyäthylenoxydes (Mol.-Gew. 13 000).

Abb. 84. DEBYE-SCHERRER-Aufnahme des Polyäthylenoxydes (Mol.-Gew. 3100).

allgemein Krystallisation anzeigen. Es wurden zwei DEBYE-SCHERRER-Aufnahmen von zwei Fraktionen mit dem Molekulargewicht 13 000 und 3100 gemacht. Beide sind vollständig identisch und zeigen, daß aus dem Röntgenbild ein Schluß auf die Kettenlänge nicht gezogen werden kann[3].

Bestätigt werden die Vorstellungen über den Bau der Polyäthylenoxydkette durch die Untersuchung des Polypropylenoxydes[4]. Bei diesem wäre eine Krystal-

---

[1] Über eine Mäanderform für eine Kohlenstoffkette vgl. A. MÜLLER u. G. SHEARER, J. chem. Soc. 1923, 3159; G. WITTIG: Stereochemie, 1930, S. 319.

[2] Vgl. S. 75.

[3] Die Aufnahmen verdanken wir Herrn Dr. SAUTER im hiesigen Physikalischen Institut.

[4] Das Propylenoxyd polymerisiert unter dem Einfluß von Zinntetrachlorid mit außerordentlicher Heftigkeit. Doch entstehen dabei meist niedermolekulare Polymerisate, die noch flüssig sind. Durch Fraktionieren konnte jedoch aus ihnen ein höhermolekulares Produkt erhalten werden, das halbfest ist.

lisation bei einem Bau der Kette, wie ihn Formel X wiedergibt, schwer verständlich wegen der unregelmäßigen Verteilung der Methylgruppen in der Kette[1]. In Formel XI sieht man jedoch, daß die Methylgruppen in den „Lücken" Platz haben; so sind die Moleküle regelmäßig und zur Krystallisation befähigt.

X.

XI.

Tatsächlich zeigte sich, daß auch Polypropylenoxyd krystallisiert[2], wenn auch wesentlich schlechter als Polyäthylenoxyd.

Der unregelmäßige Bau der Moleküle verursacht den niedrigeren Schmelzpunkt und die leichtere Löslichkeit dieser Substanz. Zum Vergleich wurde das Molekulargewicht nach der Formel $\eta_{sp}(1,4\%) = 1,2 \cdot 10^{-3} \cdot n$ berechnet[3], wobei in der Berechnung von n entsprechend Formel XI pro Grundmolekül nur 2 Atome berücksichtigt worden sind. Man erhält, da $\eta_{sp}(1,4\%) = 0,36$ beträgt, $n = 300$ Kettenatome und ein entsprechendes Molekulargewicht von 8700.

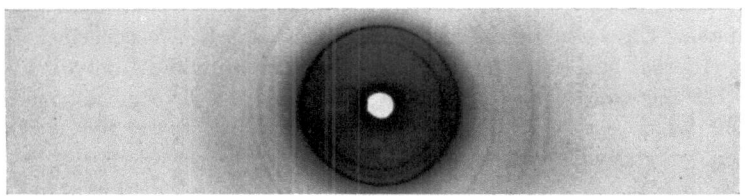

Abb. 85. DEBYE-SCHERRER-Aufnahme des Polypropylenoxydes.

Das Produkt ist halbfest, schmilzt schon bei sehr schwachem Erwärmen und ist in Benzol leicht löslich, während ein Polyäthylenoxyd vom gleichen Polymerisationsgrad in Benzol schwer löslich ist und erst bei ca. 60° schmilzt.

5. Beständigkeit der Polyäthylenoxydkette.

Im Gegensatz zu der Polyoxymethylenkette ist die Polyäthylenoxydkette sehr beständig. Im ersten Falle haben wir es mit acetalartigen Bindungen der Grundmoleküle zu tun, die leicht gesprengt werden; deshalb geht die Entpolymerisation leicht vonstatten und ist schon bei 170° vollständig. Im anderen Falle liegt dagegen eine echte Ätherbindung vor, die viel beständiger ist. Der Zerfall der Ketten erfolgt erst bei Temperaturen von 300° und nimmt dann einen weit komplizierteren Verlauf. Es treten dabei Acetaldehyd, aber auch Acrolein und andere ungesättigte Verbindungen auf.

---

[1] Vgl. S. 114.
[2] Aufnahme von W. KERN.
[3] Vgl. S. 311.

Auch gegenüber chemischen Reagenzien äußert sich diese größere Beständigkeit der Polyäthylenoxydkette. Verdünnte Salzsäure wirkt bei 100° noch nicht ein, und zerstört die Kette erst bei 170°, wobei Acetaldehyd auftritt. Rauchende Jodwasserstoffsäure reduziert erst bei 250° zu Äthyljodid[1]. In Lösung sind auch die längsten Polyäthylenoxydmoleküle stabil. Tabelle 141 zeigt, daß die spez. Viscosität auch nach längerem und höherem Erhitzen in neutralen Lösungsmitteln praktisch völlig erhalten bleibt. Nur in Eisessig findet ein geringer Abbau statt. Die Polyoxymethylenkette dagegen wird unter den gleichen Bedingungen völlig zerstört.

Tabelle 141.

Lösungsmittel	Molekulargewicht	Grundmolarität der Lösung	η_{sp} vorher	Behandlung	η_{sp} nachher	Temperaturempfindlichkeit in Proz.
Dioxan	13000	1	2,87	14tägiges Erhitzen auf 60°	2,74	95
Eisessig. . . .	13000	1	4,38		3,48	80
Formamid. . .	13000	0,25	0,52	2—3stündiges Erhitzen auf 145°	0,48	92
,,	6400	0,5	0,44		0,40	91
,,	2400	1	0,44		0,44	100
,,	1200	1	0,29		0,28	97

Diese Beständigkeit, verbunden mit der großen Löslichkeit, gestattet es, mit den Polyäthylenoxyddihydraten bis zu dem Polymerisationsgrad 300 chemische Reaktionen vorzunehmen und ihr Verhalten in den verschiedenen Lösungsmitteln zu studieren. Eine solche chemische Reaktion ist die Acetylierung der Endgruppen. Hierbei bleibt die Kette völlig erhalten, während die Polyoxymethylenkette dabei zerbricht. Das eukolloide Polyäthylenoxyd vom Polymerisationsgrad 2000 ist dagegen nicht so beständig. Es wird unter den gleichen Bedingungen weitgehend abgebaut.

IV. Konstitutionsaufklärung der Polyäthylenoxyde.

1. Allgemeines.

Die Polyäthylenoxyddihydrate sind wegen ihrer Löslichkeit und Beständigkeit ein besonders günstiges Beispiel für die Konstitutionsaufklärung einer hochmolekularen Substanz. Die Molekulargewichte lassen sich hier bis zu einem solchen von 10000 nach der kryoskopischen Methode bestimmen. Außerdem läßt sich chemisch der Gehalt an Hydroxylgruppen und damit das Molekulargewicht festlegen. Da beide Methoden völlig übereinstimmende Werte liefern, ist erwiesen, daß die kryoskopisch gefundene Teilchengröße derjenigen des Moleküls entspricht. Da Hydroxylverbindungen leicht zur Bildung koordinativer Moleküle neigen, war dies nicht von vornherein sicher, denn die kryoskopische Methode hätte ebensogut statt des normalen das koordinative Molekulargewicht[2] liefern können. Die Konstitutionsaufklärung darf sich daher nicht mit einer dieser beiden Methoden begnügen. Nur ihre Kombination führt zu einem sicheren Ergebnis. Bei Polyäthylenoxyddihydraten zeigte es sich also, daß das in Lösung vorhandene Teilchen mit dem normalen Molekül identisch ist. Das Atomgerüst

---

[1] ROITHNER: Monatshefte f. Chemie **15**, 679 (1894).   [2] Vgl. S. 6.

der Kette bleibt bei chemischen Umsetzungen als Ganzes erhalten. Dieser Nachweis konnte bei Produkten bis zu einem Polymerisationsgrad 300 geführt werden. Es sind demnach Kettenmoleküle von 900 Kettenatomen noch durchaus beständige Gebilde.

Eine vollständige Konstitutionsaufklärung einer hochmolekularen Verbindung muß zunächst das Aufbauprinzip der Kette feststellen, d. h. die Art, wie die Grundmoleküle aneinander gebunden sind. Weiterhin muß die Zahl der Grundmoleküle in einem Makromolekül und schließlich seine Begrenzung, d. h. die Art der Endgruppen, festgestellt werden. Diesen drei Forderungen konnte durch Kombination der physikalischen und chemischen Methoden beim Polyäthylenoxyd nachgekommen werden.

2. Kryoskopische Molekulargewichtsbestimmung.

In der früheren Arbeit[1] über Polyäthylenoxyde wurden die kryoskopischen Molekulargewichtsbestimmungen in Benzol vorgenommen. In diesem Lösungsmittel besteht aber die Gefahr, daß koordinative Bindungen zwischen den einzelnen Molekülen eintreten. Eine solche Assoziation von Alkoholen ist bekannt und auch durch Viscositätsmessungen in Tetrachlorkohlenstoff nachgewiesen worden[2]. Es bildet sich dabei ein Gleichgewicht zwischen mono- und dimolekularem Alkohol aus. In Dioxan sind die Alkohole dagegen praktisch monomolekular gelöst[3]. Dies geht aus Viscositätsmessungen an Polyäthylenoxyden hervor, die zeigen, daß die Temperaturabhängigkeit der spez. Viscosität in Dioxan relativ gering ist[4], während sie in Benzol etwas größer ist. Hier treten also eventuell koordinative Bindungen zwischen den Molekülen ein, die ein etwas zu hohes Molekulargewicht vortäuschen. Ein Vergleich der Molekulargewichte der vorigen Arbeit[1], die in Benzol bestimmt wurden, mit den jetzigen in Dioxan erhaltenen zeigt, daß dies in der Tat der Fall ist[4].

Vorbedingung für die Ausführung der Molekulargewichtsbestimmungen ist es, in solchen Konzentrationen zu messen, in denen die Moleküle noch frei beweglich sind, also noch im Solgebiet. Das höchstmolekulare Polyäthylenoxyd, dessen Molekulargewicht bestimmt wurde, hatte einen Polymerisationsgrad von 290 und wurde in 2proz. Lösung gemessen. Die Grenzkonzentration liegt für diese Fraktion bei 2,5%, womit also diese Bedingung erfüllt ist[5].

Die beobachteten Depressionen betragen bei einem Molekulargewicht von 10 000 und einer Konzentration von 2% 0,01°. Es wurden immer eine ganze Reihe von Schmelzpunktsablesungen gemacht, die in einigen Fällen bis zu 0,004—0,005° voneinander abwichen, was einem Fehler von ca. 50% entsprechen würde. Da die Ablesungen aber so lange wiederholt wurden, bis genügende Konstanz des Schmelzpunktes eintrat und da bei verschiedenen Versuchen stets dieselben Resultate erhalten wurden, ist der Fehler auch bei so hohen Molekulargewichten nicht größer als 10 bis höchstens 20%.

Von besonderer Wichtigkeit ist, wie erwähnt, die Beständigkeit der Polyäthylenoxydkette, die es erlaubt, chemische Umsetzungen an diesem Stoff vorzunehmen. Dabei erhält man vor und nach der Reaktion das gleiche Molekular-

---

[1] Ber. Dtsch. Chem. Ges. **62**, 2395 (1929).   [2] Unveröffentlichte Versuche R. BAUER.
[3] Hierzu siehe auch MEISENHEIMER u. DORNER: Liebigs Ann. **282**, 152 (1930).
[4] Siehe unten S. 307, Tabelle 164.   [5] Siehe unten S. 302, Tabelle 148.

gewicht. Es zeigen z. B. die durch Acetylieren der Dihydrate entstandenen Diacetate, wie aus Tabelle 142 hervorgeht, dasselbe Molekulargewicht. In ihr sind auch die spez. Viscositäten beider Verbindungsreihen angegeben. Ihre Gleichheit beweist ebenfalls, daß keine grundlegende Veränderung bei der Acetylierung stattgefunden hat.

Tabelle 142.

Polymerisationsgrad	Kryoskopisches Molekulargewicht		η_{sp}/c in Benzol bei 20°	
	Dihydrate	Diacetate	Dihydrate	Diacetate
5	220	—	0,10	0,08
9	415	—	0,15	0,12
18	790	—	0,20	0,17
20	900	860	0,23	0,21
27	1170	—	0,33	0,25
37	1230	1550	0,29	0,29
39	1610	—	0,40	0,37
59	2200	3000	0,48	0,56
70	3040	—	0,54	0,48
140	5900	—	1,01	0,94
145	5900	5500	1,05	1,01
210	—	9200	1,8	—
290	12000	—	2,2	1,92

3. Bestimmung des Molekulargewichts aus dem Acetylgehalt und dem Gehalt an aktivem Wasserstoff.

Die aus den Dihydraten dargestellten Diacetate zeigen also kryoskopisch dasselbe Molekulargewicht wie die Dihydrate. Von entscheidender Bedeutung war nun festzustellen, ob die Acetylgehalte im richtigen Verhältnis zum Molekulargewicht stehen. Sie wurden nach der Methode von K. FREUDENBERG[1] bestimmt und sind mit den aus ihnen errechneten Molekulargewichten und den kryoskopischen Molekulargewichten in Tabelle 143 zusammengestellt. Die Molekulargewichte wurden errechnet unter der Annahme, daß zwei Acetylgruppen in ein Molekül eingetreten sind.

Eine Bestimmung des Molekulargewichtes der Dihydrate kann außer durch die Bestimmung des Acetylgehaltes ihrer Diacetate auch durch die des aktiven Wasserstoffes der Dihydrate nach ZEREWITINOFF[2] erfolgen.

Tabelle 143.

Polymerisationsgrad	Acetylgehalt %	Molekulargewicht	
		kryoskopisch	aus Acetylgehalt
5	26,7	220	236
9	17,6	415	405
18	9,5	790	820
20	8,4	900	940
27	6,5	1170	1240
37	4,6	1230	1890
39	4,4	1610	1750
59	2,8	2200	3000
70	2,6	3040	3200
140	1,3	5900	6500
145	1,25	5900	6800
210	0,92	9200	9300
290	0,62	12000	13800

Man erhält bei einem Dihydrat vom kryoskopischen Molekulargewicht 2200 einen Gehalt an Hydroxyl von 1,3%, der einem Molekulargewicht von 2600 ent-

---

[1] FREUDENBERG, K.: Liebigs Ann. **433**, 230 (1923).
[2] MEYER, H.: Analyse und Konstitutionsermittlung. 3. Aufl. S. 570. 1916.

spricht. Die Übereinstimmung ist ausreichend, wenn man die Fehlerquellen der Methode berücksichtigt und bedenkt, daß die geringe Menge aktiven Wasserstoffs in dem großen Molekül nur langsam quantitativ in Reaktion treten kann. Ein Blindversuch mit dem entsprechenden Diacetat lieferte unter gleichen Bedingungen nur eine geringe Menge Methan, die immer als Blindwert bei diesen Versuchen auftritt.

4. Stickstoffhaltige Polyäthylenoxyde.

Wie oben bereits erwähnt, wurde versucht, eine polymer-homologe Reihe stickstoffhaltiger Polyäthylenoxyde darzustellen, deren Stickstoffgehalt durch die Endgruppen der Moleküle hervorgerufen wird. Dieser Stickstoffgehalt sollte dem Molekulargewicht entsprechen. Es wurden zunächst die ohne besondere Vorsichtsmaßregeln dargestellten Polymerisate in Fraktionen von verschiedenem Durchschnittsmolekulargewicht getrennt und diese auf ihren N-Gehalt nach KJELDAHL untersucht. Trimethylaminpolymerisate werden durch Reinigung stickstofffrei. Es wurden daher Methyl- und Dimethylamin zur Darstellung solcher Produkte verwandt. In der nebenstehenden Tabelle 144 sind die gefundenen Stickstoffgehalte mit den errechneten zusammengestellt unter der Annahme, daß auf jedes Molekül ein Stickstoffatom am Ende der Kette kommt.

Tabelle 144.

Katalysator	Molekulargewicht[1]	Stickstoffgehalt in Proz. ber.	gef.
Methylamin .	1900	0,74	0,70
,,	1400	1,00	0,66
Dimethylamin	2800	0,5	0,6
,,	2100	0,67	0,3

Die Stickstoffgehalte stimmen nur schlecht mit dem Molekulargewicht[1] überein. Da bei der Polymerisation nicht unter peinlichem Wasserausschluß gearbeitet worden war, können die durch geringe Mengen Wasser entstandenen Dihydrate das Ergebnis gefälscht haben. Es wurden daher Polymerisationen unter sorgfältigem Ausschluß von Wasser vorgenommen. Die entstandenen Produkte wurden ebenfalls fraktioniert und auf ihren N-Gehalt untersucht (Tabelle 145).

Auch hier stimmen die Stickstoff-Gehalte ebenso schlecht. Man muß also annehmen, daß immer noch Gemische von Dihydraten und stickstoffhaltigen Ketten vorliegen, die sich nicht trennen lassen.

Anders ist es dagegen bei den niederen stickstoff-haltigen Polyäthylenoxyden, die

Tabelle 145.

Katalysator	Molekulargewicht[1]	Stickstoffgehalt in Proz. ber.	gef.
Methylamin .	2000	0,7	0,6
,,	1500	0,9	0,7
,,	1400	1,0	0,8
Dimethylamin	2000	0,7	0,7
,,	1500	0,9	0,4
,,	1300	1,1	0,6
,,	1200	1,2	0,6

mit einer größeren Menge Amin (5 : 1 bzw. 10 : 1) dargestellt sind. Ein solches noch flüssiges Polymerisat konnte durch fraktionierte Destillation in mehrere Fraktionen getrennt werden, deren N-Gehalte mit zunehmender Siedetemperatur abnehmen. In folgender Tabelle 146 sind z. B. die aus einem Dimethylaminpolymerisat erhaltenen Fraktionen dargestellt.

---

[1] Durch Viscositätsmessungen bestimmt.

300   Das Polyäthylenoxyd, ein Modell der Stärke.

Tabelle 146.

Siedepunkt bei		N %	Molekular- gewicht aus N-Gehalt ber.	Polymerisations- grad
Grad	mm Hg			
140—150	bei 760	9,1	160	3
100—110	„ 12	5,8	240	5
135—160	„ 12	4,3	330	7
110—130	„ 0,1	3,2	440	9
130—150	„ 0,1	2,5	560	12
150—190	„ 0,1	2,5	560	12

Hier hat also eine andere Art der Polymerisation, die kondensierende, stattgefunden, weswegen der N-Gehalt mit dem Molekulargewicht übereinstimmt.

5. Halogenhaltige Polyäthylenoxyde.

Aus Äthylenchlorhydrin und Äthylenoxyd (im Verhältnis 1:10 in Molen) wurde ein halogenhaltiges Polymerisat dargestellt, das zum größten Teil aus niedermolekularen, flüssigen Polyäthylenoxydchlorhydraten bestand. Da diese schon von WURTZ[1] aus Äthylenchlorhydrin und Glykol dargestellt worden waren, wurden sie nicht näher untersucht. Es gelang jedoch durch fraktionierendes Ausfällen mit Äther aus diesem Produkt zwei feste Fraktionen zu erhalten, deren Durchschnitts-

Tabelle 147.

η_{sp}/c	Mol.-Gew. aus Viscosität	Chlorgehalt in Proz.	Mol.-Gew. aus Chlorgehalt
0,22	1000	3,26	1080
0,80	4400	0,94	3800

polymerisationsgrade 23 und 100 betrugen. Bei ihnen zeigte sich nun, daß das aus der Viscosität errechnete Molekulargewicht mit dem Chlorgehalt übereinstimmt. Diese hochmolekularen Chlorhydrine enthalten pro Molekül ein Atom Chlor als Endgruppe.

6. Schlußfolgerung.

Es geht aus vorstehendem hervor, daß alle drei Forderungen der Konstitutionsaufklärung einer hochmolekularen Substanz beim Polyäthylenoxyd erfüllt werden konnten. Das Polyäthylenoxyd stellt ein Fadenmolekül dar, dessen Länge genau festgestellt werden kann und dessen Enden durch Hydroxylgruppen abgesättigt sind. Die Ansicht von ROITHNER[2], daß im Polyäthylenoxyd hochmolekulare Ringe vorliegen, ist damit widerlegt. Die festen Polyäthylenoxyde sind vielmehr die höheren Glieder der schon von WURTZ[3] und LOURENÇO[4] dargestellten niedermolekularen Polyäthylenoxyd-dihydrate. Durch die Acetylierung werden die physikalischen Eigenschaften der Polyäthylenoxyde bei höheren Gliedern nicht merkbar verändert, da die Endgruppen im Vergleich zum Gesamtmolekül viel zu gering sind. Bei niederen Gliedern dagegen treten Unterschiede z. B. in der Löslichkeit auf. Weiter beträgt die absolute Viscosität des flüssigen 9-Äthylenoxyd-dihydrats im reinen Zustand 1,25 Poise, während sie beim 9-Äthylenoxyd-diacetat nur 0,51 Poise beträgt.

---
[1] WURTZ: Ann. de Chimie **69**, 331 (1863).
[2] ROITHNER: Monatshefte f. Chemie **15**, 679 (1894).
[3] WURTZ: Ann. de Chimie **69**, 331 (1863).
[4] LOURENÇO: Ann. de Chimie **67**, 275 (1863).

Bei den Polyoxymethylenen spielt die Endgruppe für die Abbaureaktionen[1] der Kette eine sehr wichtige Rolle. Dies ist wegen der viel größeren Beständigkeit der Polyäthylenoxydkette hier nicht der Fall.

Polyäthylenoxyde, die am Ende einer Kette N tragen, sind zwar bis zu einem Polymerisationsgrad von 12 polymereinheitlich dargestellt. Bei dem Versuch, höhere Glieder dieser Reihe darzustellen, kommt man jedoch immer zu Gemischen von hochpolymeren Aminen und Dihydraten, die nicht getrennt werden können. Die Darstellung hochpolymerer polymereinheitlicher Chlorhydrinen dagegen ist möglich.

V. Viscositätsuntersuchungen.

1. Allgemeines.

Auf Grund der in verdünnten Lösungen für Fadenmoleküle gültigen Viscositätsgesetze[2] ist es möglich, die Molekulargewichtskonstante jeder polymerhomologen Reihe zu berechnen. Da man ein Sauerstoffatom in der Polyäthylenoxydkette einer CH_2-Gruppe annähernd gleichsetzen kann, so sollte sich eine K_m-Konstante von $3 \cdot 0,85 \cdot 10^{-4} = 2,55 \cdot 10^{-4}$ ergeben[3], da die Zahl der Kettenglieder im Grundmolekül des Polyäthylenoxyds 3 ist. Wie unten gezeigt wird, fand man aber in allen Fällen eine Konstante, die im Mittel etwa $1,8-1,9 \cdot 10^{-4}$ betrug, also um ein Drittel zu klein war. Daraus wurde geschlossen, daß die Polyäthylenoxydkette pro Grundmolekül nicht um 3, sondern um 2 Atome wächst, und dies führte zu der oben diskutierten Formel IX (s. S. 293), die auch die übrigen Eigenschaften dieser Substanz verständlich macht.

VIII.

cc. 3,5 Å

IX.

cc. 1,9 Å

Die Ketten sind demnach viel kürzer, als man nach der Zahl der Kettenatome erwarten sollte, und gleichlang mit einer Polyoxymethylenkette vom gleichen Polymerisationsgrad. In der Tat wurden die K_m-Konstanten beider Substanzen in Chloroform und Formamid gleich groß gefunden. Die Dimensionen eines Grundmoleküls betragen nach Formel VIII: Länge 3,5 Å und Breite 2,5 Å; während sie nach Formel IX: Länge 1,9 Å[4] und Breite 4 Å betragen. Im zweiten Falle beansprucht die Kette in Lösung einen geringeren Wirkungsbereich und der Gelzustand tritt erst bei höherer Konzentration ein. Auch diese Tatsache steht mit dem experimentellen Befund in guter Übereinstimmung. In der folgenden

---

[1] Vgl. S. 152. [2] STAUDINGER, H.: Ber. Dtsch. Chem. Ges. **65**, 267 (1932).
[3] $0,85 \cdot 10^{-4} = K_{äqu}$-Konstante für kettenäquivalente Lösungen. Vgl. S. 68.
[4] Diese Länge des Grundmoleküls wurde gleich der bei den Polyoxymethylenen gesetzt.

Tabelle 148 sind die Wirkungsbereiche für einzelne Moleküle, der Gesamtwirkungsbereich einer 1-grundmolaren (4,4proz.) Lösung sowie die „Grenzkonzentrationen" in Gewichtsprozent und Grundmolarität angegeben.

Tabelle 148. Wirkungsbereich und Grenzkonzentration nach Formel VIII und IX.

Polymerisationsgrad	Molekulargewicht	Kettenlänge in Å nach Form.		Wirkungsbereich eines Moleküls in Å^3 nach Formel		Zahl der Moleküle pro 1 cm^3 in 4,4 proz. Lösung	Gesamtwirkungsbereich in 1 cm^3 einer 1-grundmolaren (4,4 proz.) Lösung in cm^3		Grenzkonzentration			
									in Gewichtsprozent		in Grundmolarität	
		VIII	IX	VIII	IX		VIII	IX	VIII	IX	VIII	IX
300	13000	1050	570	2,16·10^6	1,02·10^6	2·10^{18}	4,3	2	1,0	2,2	0,23	0,5
150	6500	525	285	0,54·10^6	0,26·10^6	4·10^{18}	2,2	1	2,0	4,4	0,49	1,0
100	4400	350	190	0,24·10^6	0,11·10^6	6·10^{18}	1,4	0,7	3,1	6,3	0,71	1,4
50	2200	175	95	0,6·10^5	0,28·10^5	12·10^{18}	0,7	0,34	6,3	12,7	1,4	2,9
10	440	35	19	0,24·10^4	0,11·10^4	60·10^{18}	0,14	0,07	31	63	7,1	14

Die Grenzviscosität ist berechnet nach der Zick-Zackformel VIII zu 1,8, nach der Mäanderformel IX zu 1,17.

Für eine Beziehung zwischen Molekulargewicht und Viscosität in Lösung ist zunächst Voraussetzung, daß die Moleküle fadenförmige Gestalt haben. Außerdem müssen in Lösung normale Moleküle vorliegen und keine Micellen oder koordinative Moleküle. Da die Polyäthylenoxyd-dihydrate Alkohole darstellen, könnten sie zu koordinativer Molekülbildung befähigt sein. Denn Alkohole sind in manchen Lösungsmitteln, z. B. Tetrachlorkohlenstoff, koordinativ gebunden, wie durch Viscositätsmessungen nachgewiesen werden kann. In Dioxan sind sie dagegen monomolekular gelöst. Zur Bestimmung der Viscosität und der Molekulargewichte müssen natürlich Lösungsmittel verwandt werden, in denen sich keine koordinativen Moleküle bilden. Dies kann durch Viscositätsmessungen nachgewiesen werden.

Entscheidend ist der Nachweis, daß η_{sp}/c in niederviscoser Sollösung sowohl von der Fließgeschwindigkeit wie auch von Konzentration und Temperatur unabhängig ist. Nach diesen drei Richtungen hin wurden daher die Polyäthylenoxyde in verschiedenen Lösungsmitteln untersucht[1].

2. Viscosität und Fließgeschwindigkeit.

Das HAGEN-POISEUILLEsche Gesetz verlangt, daß die Fließgeschwindigkeit bei laminarer Strömung proportional dem Druck zunimmt, daß also das Produkt aus Ausflußzeit und Druck bei gleichem Volumen konstant ist. Dies ist in der Regel bei normalen Lösungen der Fall. Bei Kautschuk- und anderen eukolloiden Lösungen, in denen Fadenmoleküle von großer Länge vorliegen, treten makromolekulare Viscositätserscheinungen auf, d. h. bei größerer Fließgeschwindigkeit wird das Produkt aus Druck und Zeit kleiner, als erwartet werden sollte. Am Polystyrol[2] wurde zuerst nachgewiesen, daß diese Erscheinung auf einer Orientierung der Fadenmoleküle beruht, wodurch ein viscositätsvermindernder Einfluß resultiert. Dies tritt jedoch erst ein bei Moleküllängen von 3000 Å an. Die Polyäthylenoxyde vom Polymerisationsgrad 300 und einer Kettenlänge von 570 Å zeigen daher diese Erscheinung noch nicht. Dies ist ersichtlich aus folgender

---
[1] Vgl. S. 56ff.
[2] STAUDINGER, H., u. H. MACHEMER: Ber. Dtsch. Chem. Ges. **62**, 2921 (1929). Vgl. S. 148.

Tabelle 149, in der die Druckabhängigkeit der spezifischen Viscosität der grundmolaren Lösungen zweier Produkte dargestellt ist. Eine Umrechnung auf Fließgeschwindigkeit ist unnötig, da ja keine Druckabhängigkeit vorliegt.

Tabelle 149. Benzollösungen von Polyäthylenoxyden bei verschiedenen Drucken im UBBELOHDEschen Viscosimeter.

Druck in cm Hg	Molekulargewicht 13 000, Polymerisationsgrad 290		Molekulargewicht 3500, Polymerisationsgrad 81	
	Druck mal Zeit bei 20°	η_{sp}	Druck mal Zeit bei 20°	η_{sp}
20	1345	2,99	560	0,66
15	1353	3,02	557	0,65
10	1366	3,05	552	0,64
5	1359	3,03	551	0,64
0,8	—	2,95	—	—

Die Differenzen betragen im Maximum 2,5% und liegen noch innerhalb der Fehlergrenzen.

3. Viscosität und Konzentration.

a) Die Beziehung: $\eta_{sp}/c =$ konstant.

Bei ein und demselben Polyäthylenoxyd findet man Konstanz der η_{sp}/c-Werte, wenn man verschieden konzentrierte Lösungen mißt. Hier sind also normale Moleküle in verdünnter Lösung vorhanden, eine Tatsache, die mit den chemischen Befunden im Einklang steht. Tabelle 150 zeigt die Viscosität zweier flüssiger Polyäthylenoxyd-dihydrate in Dioxanlösung verschiedener Konzentration.

Tabelle 150.

Konzentration	in Proz.	4,2	8,5	12,6	16,8	25	33	49	64,6	79,8
	in Gd-mol.	1	2	3	4	6	8	12	16	20
η_{sp}/c bei 20°	Mol.- 238	0,10	0,12	0,13	0,16	0,17	0,22	0,32	0,54	0,81
	Gew. 414	0,15	0,16	0,18	0,18	0,22	0,27	0,44	0,70	1,43

Es ergibt sich dabei eine mit der Konzentration wachsende Zunahme von η_{sp}/c. Die Viscositätskonzentrationskurve, die von einer 4,4proz. bis 100proz. Konzentration aufgenommen wurde, zeigt den hierbei üblichen Verlauf, als deren Typ Wasser-Glykol[1] gelten kann und der auf eine Herabsetzung der Assoziation[2] der einen Komponente (des Polyäthylenoxydes) durch die andere (das Dioxan)

Tabelle 151. η_{sp}/c bei 20°; Mol.-Gew. 920.

Lösungsmittel				Dioxan	Wasser	Eisessig	Tetrabromäthan
Konz. in Gd-mol.	1	Konz. in Proz.	4,4	0,18	0,28	0,39	0,39
	2		8,8	0,22	0,30	0,41	0,43
	3		13,2	0,24	0,34	0,44	0,48
Zunahme von η_{sp}/c in Proz.[3]				133	122	113	123

---
[1] KREMANN, R.: Mechanische Eigenschaften flüssiger Stoffe. S. 302. 1928.
[2] Statt von Herabsetzung der Assoziation würde besser vom Zerfall koordinativer Moleküle gesprochen.
[3] Der η_{sp}/c-Wert der niedersten Konzentration wird dabei = 100 gesetzt.

Tabelle 152. η_{sp}/c bei 20°; Mol.-Gew. 2500.

Lösungsmittel		Eisessig	Tetrabromäthan
Konz. in Gd-mol.	0,5	0,80	0,72
	1	0,79	0,75
	2	0,86	0,92
Zunahme von η_{sp}/c in Proz.[1]		108	128

hinweist. Dasselbe ist auch in anderen Lösungsmitteln zu beobachten (Tabelle 151 u. 152).
In niederen Konzentrationen ist η_{sp}/c konstant (vgl. Tabelle 153—156.

Tabelle 153. η_{sp}/c bei 20°; Mol.-Gew. 6400 und 13000.

Molekulargewicht		6400			13000		
Lösungsmittel		Wasser	Eisessig	Tetrabromäthan	Wasser	Eisessig	Tetrabromäthan
Konz. in Gd-mol.	0,25	1,0	1,60	1,40	2,24	3,36	3,12
	0,5	1,1	1,56	1,52	2,54	3,62	3,56
	1	1,27	1,76	1,78	3,2	4,4	4,7
Zunahme von η_{sp}/c in Proz.[1]		127	110	127	143	131	151

Tabelle 154. η_{sp}/c in Benzol bei 20°.

Molekulargewicht		800	920	1200	1700	6400	13000
Konz. in Gd-mol.	0,25	0,20	0,24	0,32	0,40	1,0	2,04
	0,5	0,20	0,22	0,34	0,40	1,0	2,3
	1	0,19	0,22	0,31	0,39	1,19	2,95
Zunahme von η_{sp}/c in Proz.[1]		100	100	100	100	119	145

Bei Molekulargewichten bis zu 2000 ist die Konstanz von η_{sp}/c bis zu einer grundmolaren Lösung vorhanden. Polyäthylenoxyde vom Molekulargewicht 6000

Tabelle 155. η_{sp}/c in Dioxan bei 20°.

Molekulargewicht		2260	2500	2800
Konz. in Gd-mol.	0,25	0,40	0,44	0,44
	0,5	0,40	0,44	0,46
	1	0,43	0,48	0,54
Zunahme von η_{sp}/c in Proz.[1]		108	109	123

geben bis zu einer 0,5 gd-mol. Lösung ebenfalls konstante η_{sp}/c-Werte.
Das Abweichen der η_{sp}/c-Werte sollte erfolgen, wenn die Grenzkonzentration überschritten wird. Es tritt dann Behinderung der Moleküle in Lösung ein, was sich in einer Erhöhung der Viscosität bemerkbar macht. In der folgenden Tabelle 157 sind die Grenzkonzentrationen für die beiden oben

Tabelle 156. Polyäthylenoxydlösungen in verschiedener Konzentration.

Molekulargewicht		η_{sp}/c bei 20° in Dioxan		Zunahme von η_{sp}/c in Proz.	
		6400	13000	6400	13000
Konz. in Gd-mol.	0,125	0,96	1,9	100	100
	0,25	0,92	2,0	100	105
	0,5	0,92	2,3	100	121
	1,0	1,09	2,84	117	150
	1,5	1,31	3,59	141	189
	2,0	1,45	4,32	156	230

---

[1] Vgl. Fußnote 3 auf S. 303.

gemessenen Substanzen zusammengestellt, wobei sich zeigt, daß die Mäanderformel IX (vgl. S. 293 u. 301) auch hier die tatsächlichen Ver-

Tabelle 157.

Molekular-gewicht	Grenzkonzentration in Grundmolarität[1]		gef.
	ber. nach Formel IX	nach Formel VIII	
6400	1,0	0,5	1,0
13000	0,5	0,25	0,5

hältnisse gut wiedergibt, während die Zickzackformel VIII ein Ansteigen der η_{sp}/c-Werte schon in geringeren Konzentrationen erwarten lassen sollte.

b) Die Beziehung $\log \eta_r/c = \text{konstant}$.

Die EINSTEINsche Formel gibt das Verhalten von Polyäthylenoxyden im Solgebiet, in dem zugleich eine koordinative Bindung der Moleküle ausgeschlossen sein muß, befriedigend wieder. Im Gelgebiet gilt sie nicht mehr. Hier sollte die

Tabelle 158. $K_c \cdot 10^2$ in Dioxan bei $20°$.

Konz.	in Proz.	4,2	8,5	12,6	16,8	25	33	49	64,6	79,8	100
	in Gd-mol.	1	2	3	4	6	8	12	16	20	25,6
Mol.-Gew.	238	4,3	4,7	4,6	4,9	5,2	5,4	5,7	6,1	6,2	6,7
	414	6,0	6,1	6,4	5,9	6,1	6,3	6,7	6,8	7,4	7,8

ARRHENIUSsche Beziehung $\eta_r = 10^{K_c \cdot c}$ gültig sein[2], solange nicht Assoziation der Moleküle erfolgt. In Tabelle 158 sind zunächst wieder für die niederen flüssigen Polyäthylenoxyde vom Polymerisationsgrad 5 und 9 die berechneten Werte für $K_c = \log \eta_r/c$ zusammengestellt.

Tabelle 159. K_c in Dioxan.

Molekulargewicht	2260	2500	2800
Konz. in Gd-mol. 0,25	0,17	0,18	0,18
0,5	0,16	0,17	0,18
1	0,16	0,17	0,19

Die K_c-Konstante stimmt also für einen recht großen Konzentrationsbereich. Die Abweichungen in höherer Konzentration sind auf Assoziationen zurückzuführen[3]. In Gebieten, wo η_{sp}/c konstant ist, ist natürlich auch die ARRHENIUSsche Beziehung noch gültig (Tabelle 159).

Dies ist selbstverständlich, da ja bei niederen Konzentrationen, wo die relative Viscosität sich 1 nähert, beide Formeln praktisch zusammenfallen. Tabelle 160 zeigt, daß auch in höheren Konzentrationen bei niedermolekularem Polyäthylenoxyd die ARRHENIUSsche Beziehung noch gilt.

Tabelle 160. K_c bei $20°$; Mol.-Gew. 920.

Konz. in Gd-mol.	Dioxan	Wasser	Eisessig	Tetrabrom-äthan
1	0,07	0,11	0,14	0,14
2	0,08	0,11	0,13	0,13
3	0,08	0,10	0,12	0,13

---

[1] Siehe S. 302, Tabelle 148.
[2] KREMANN, R.: Mechanische Eigenschaften flüssiger Stoffe. S. 318. 1928; ARRHENIUS: Ztschr. physikal. Chem. **1**, 285 (1887); siehe auch BERL u. BÜTTLER: Ztschr. f. Schieß- u. Sprengstoffwesen **5**, 82 (1910).
[3] Vgl. S. 136.

Die höhermolekularen Polyäthylenoxyde zeigen jedoch eine Abnahme von K_c mit wachsender Kettenlänge und Konzentration (Tabelle 161).

Tabelle 161. K_c in Dioxan bei 20°.

Molekulargewicht		6400	13000
Konz. in Gd-mol.	0,125	0,39	0,75
	0,25	0,36	0,70
	0,5	0,33	0,66
	1,0	0,32	0,58
	1,5	0,32	0,53
	2,0	0,29	0,49

Diese Erscheinung wurde auch bei eukolloidem Polystyrol beobachtet[1], während bei Hemikolloiden die K_c-Werte konstant sind.

4. Viscosität und Temperatur.

Die spez. Viscosität der Polyäthylenoxyde nimmt in allen Lösungsmitteln mit steigender Temperatur ab. Es zeigt sich aber, daß diese Temperaturabhängigkeit in gut lösenden Lösungsmitteln, wie z. B. in Dioxan, unabhängig vom Polymerisationsgrad und von der Konzentration ist, so daß die Temperatur-Viscositätskurven aller Polymerisationsgrade dieselbe Steigung haben. Daraus folgt, daß eine gleiche Temperatur (z. B. 20°) eine „korrespondierende" Temperatur ist, bei der Messungen verschiedener Produkte untereinander verglichen

Tabelle 162. η_{sp} in Benzol.

Mol.-Gew.	Konz. in Gd-mol.	η_{sp} bei 20°	60°	Abnahme %
1500	1	0,28	0,20	71
2500	1	0,48	0,38	79
3500	1	0,65	0,52	80
3500	2	1,92	1,45	76

werden können. In den beiden Tabellen 162 und 163 sind die η_{sp}-Werte bei 20° und 60° in Benzol und Dioxan zusammengestellt und zugleich aus ihnen die prozentuale Abnahme von η_{sp} (η_{sp} bei 20° = 100) ausgerechnet.

Tabelle 163. η_{sp} in Dioxan.

η_{sp}		20°	60°	20°	60°	20°	60°	Abnahme in Proz.		
Grundmolarität . . .		1,0		0,5		0,25		1,0	0,5	0,25
Mol.-Gew.	2200	0,44	0,38	0,22	0,20	0,10	0,09	86	91	90
	2500	0,48	0,43	0,22	0,21	0,10	0,10	90	95	100 [2]
	2800	0,54	0,43	0,23	0,20	0,11	0,10	80	87	91
	6400	1,09	0,97	0,46	0,42	0,20	0,18	89	91	90
	13000	2,84	2,45	1,13	1,00	0,50	0,46	86	89	92

Besonderes Interesse hat die Zunahme der relativen Viscosität in Benzol und Dioxan in Temperaturgebieten, die den Schmelzpunkten dieser Lösungsmittel nahe liegen, da dies für die Molekulargewichtsbestimmung von Wichtigkeit ist. Findet hier Bildung koordinativer Moleküle statt, so würden die kryoskopischen Molekulargewichte nicht den normalen Wert liefern, sondern zu hoch ausfallen. Die Bildung solcher koordinativen Moleküle macht sich in der Zunahme der spez. Viscosität bemerkbar. Es wurden daher Messungen bei 10° und 6° in diesen beiden Lösungsmitteln ausgeführt. Hierbei befindet man sich bei Dioxan schon im Zustand der unterkühlten Lösung (Tabelle 164).

---

[1] Vgl. S. 201.   [2] Evtl. Meßfehler.

Tabelle 164. 1 gd-mol. Lösungen bei verschiedenen Temperaturen.

Mol.-Gew.	η_{sp} in Benzol bei 20°	10°	6°	η_{sp} in Dioxan bei 20°	10°	6°	Zunahme in Proz.[1] Benzol	Dioxan
1200	0,28	0,30	0,31	0,28	0,29	0,29	111	104
2400	0,55	0,59	0,60	0,54	0,56	0,56	109	104
3000	0,59	0,61	0,63	0,57	0,59	0,59	107	104

In Benzol tritt also eine etwas stärkere Zunahme von η_{sp} bei abnehmender Temperatur ein als in Dioxan. Auch beim Vergleich der Tabellen 162 und 163 fällt diese stärkere Temperaturabhängigkeit in Benzol gegenüber Dioxan auf[2].

Aus der Tatsache, daß die Temperaturabhängigkeit der verschiedenen Produkte in Dioxan von Polymerisationsgrad und Konzentration unabhängig ist, folgt, daß die Abnahme der Viscosität nicht auf einer Auflösung von koordinativen Molekülen in der Wärme beruht. Denn solche müßten in konzentrierter Lösung zahlreicher enthalten sein als in verdünnter. In sehr konzentrierten Lösungen treten Assoziationen auf; oberhalb der Grenzviscosität beobachtet man mit Zunahme der Konzentration und der Molekülgröße wachsende Temperaturabhängigkeit der spez. Viscosität[3].

Die in verdünnter Lösung beobachtete Temperaturabhängigkeit der Polyäthylenoxyde ist darauf zurückzuführen, daß infolge der größeren Beweglichkeit der Moleküle bei Temperaturerhöhung die spezifische Viscosität von gelösten Stoffen etwas sinkt, gerade so, wie die absolute Viscosität einer Flüssigkeit abnimmt. Es können auch koordinative Bindungen zwischen den gelösten Molekülen und dem Lösungsmittel bei erhöhter Temperatur aufgehoben werden. So ist die stärkere Temperaturabhängigkeit der Polyäthylenoxyde in Formamid, Wasser (Tabelle 165 und 166), vor allem in Eisessig (Tabelle 167) zu erklären. Mit Wasser

Tabelle 165. Viscosität in Formamid bei 20, 60 und 145°.

Molekulargewicht	Konz. in Gd-mol.	η_{sp} bei 20°	60°	145°	Abnahme von η_{sp} in Proz. im Vergleich zu η_{sp} bei 20° 60°	145°
1200	1	0,29	0,22	0,15	76	52
2400	1	0,44	0,35	0,26	80	59
6400	0,5	0,44	0,36	0,27	82	61
13000	0,25	0,52	0,42	0,29	81	56

Tabelle 166. Viscosität in Wasser bei 20 und 60°.

Molekulargewicht	920			2500		6400			13000		
Konz. in Gd-mol.	1	2	3	1	2	0,25	0,5	1	0,25	0,5	1
η_{sp} bei 20°	0,28	0,61	1,01	0,49	2,39	0,25	0,55	1,27	0,56	1,27	3,19
η_{sp} bei 60°	0,23	0,49	0,80	0,40	1,9	0,19	0,42	0,97	0,40	0,91	2,29
Abnahme von η_{sp} in Proz.	82	80	79	82	79	76	76	76	71	72	72

---
[1] Beim Abkühlen von 20° auf 6° (η_{sp} bei 20° = 100).
[2] Von O. SCHWEITZER [vgl. Ber. Dtsch. Chem. Ges. **62**, 2395 (1929)] wurden die Molekulargewichte in Benzol bestimmt; sie sind etwas höher (bei gleichen η_{sp}/c-Werten) als die in Dioxan ermittelten. Möglicherweise liegen hier z. T. koordinative Moleküle vor.
[3] Vgl. auch die Versuche an Polystyrolen von H. STAUDINGER u. W. HEUER: Ber. Dtsch. Chem. Ges. **62**, 2933 (1929).

Tabelle 167. Viscosität in Eisessig bei 20 und 60°.

Molekulargewicht	920			2500			6400			13000		
Konz. in Gd-mol.	1	2	3	0,5	1	2	0,25	0,5	1	0,25	0,5	1
η_{sp} bei 20°	0,39	0,82	1,32	0,40	0,79	1,72	0,40	0,78	1,76	0,84	1,81	4,38
η_{sp} bei 60°	0,29	0,61	0,95	0,31	0,62	1,32	0,32	0,63	1,42	0,68	1,50	3,56
Abnahme von η_{sp} in Proz.	74	74	72	78	79	77	80	81	81	81	83	81

und Eisessig treten vielleicht lockere Anlagerungen in der Art von Oxoniumverbindungen auf, wie man es ja auch für Methylcellulose[1] annehmen muß. In Tetrabromäthan (Tabelle 168) können ähnliche Verhältnisse vorliegen. So geben ja auch Chloroform, Bromoform usw. leicht Molekülverbindungen[2].

Tabelle 168. Viscosität in Tetrabromäthan bei 20 und 60°.

Molekulargewicht	920			2500			6400			13000		
Konz. in Gd-mol.	1	2	3	0,5	1	2	0,25	0,5	1	0,25	0,5	1
η_{sp} bei 20°	0,39	0,87	1,45	0,36	0,75	1,84	0,35	0,76	1,78	0,78	1,78	4,71
η_{sp} bei 60°	0,26	0,52	0,82	0,26	0,51	1,17	0,27	0,55	1,25	0,59	1,31	3,30
Abnahme von η_{sp} in Proz.	67	60	57	72	68	64	77	72	70	76	74	70

VI. Viscosität und Molekulargewicht.

1. Die Beziehung $\frac{\eta_{sp}}{c} = K_m \cdot M$.

Zunächst wurde die schon bei anderen polymer-homologen Reihen gefundene Beziehung $\frac{\eta_{sp}}{c} = K_m \cdot M$ auf die Polyäthylenoxyde angewandt[3]. In der Tabelle 169 ist K_m aus den in Benzol bei 20° gemessenen η_{sp}/c-Werten berechnet.

Tabelle 169. K_m von Polyäthylenoxyd-dihydraten in Benzol.

Katalysator	Mol.-Gew.	Polymerisationsgrad	η_{sp}/c	$K_m \cdot 10^4$
KOH	800	18	0,20	2,5
KOH	920	20	0,23	2,5
N(CH$_3$)$_3$	1090	24	0,26	2,4
KOH	1200	27	0,33	2,7
SnCl$_4$	1530	35	0,29	1,9
N(CH$_3$)$_3$	1540	35	0,28	1,8
KOH	1680	38	0,40	2,4
N(CH$_3$)$_3$	2260	51	0,47	2,1
N(CH$_3$)$_3$	2500	56	0,48	1,9
K	2700	61	0,48	1,8
N(CH$_3$)$_3$	2830	64	0,55	1,9
SnCl$_4$	3100	70	0,54	1,7
N(CH$_3$)$_3$	3590	81	0,65	1,8
NaNH$_2$	6000	136	1,05	1,8
K	6400	145	1,01	1,6
NaNH$_2$	9300	210	1,82	2,0
NaNH$_2$	13000	295	2,2	1,7

[1] STAUDINGER, H., u. O. SCHWEITZER: Ber. Dtsch. Chem. Ges. **63**, 2317 (1930). Vgl. S. 127.
[2] Siehe PFEIFFER: Organische Molekülverbindungen. S. 251. 1922.
[3] Vgl. S. 56.

Viscosität und Molekulargewicht [Zweiter Teil, C. VI. 1.].

K_m ist also bei höheren Polymerisationsgraden recht gut konstant, bei niederen treten dagegen Abweichungen auf. Um zu zeigen, daß auch in anderen Lösungsmitteln diese Gesetzmäßigkeiten herrschen, ist in der Tabelle 170 K_m aus den η_{sp}/c-Werten verschiedener anderer Lösungsmittel bei 20° zusammengestellt.

Tabelle 170.

Mol.-Gew.	Polymeri-sationsgrad	$K_m \cdot 10^4$ von Polyäthylenoxyd-dihydraten in folgenden Lösungsmitteln				
		Dioxan	Wasser	Eisessig	Formamid	Tetrabrom-äthan
920	20	2,2	3,4	4,2	—	4,2
1200	27	—	—	—	2,4	—
1540	35	—	2,3	—	—	—
2260	51	1,8	1,9	—	—	—
2500	56	1,8	2,0	3,2	1,8	2,9
2830	64	1,7	—	—	—	—
6400	145	1,5	1,7	2,5	1,5	2,2
13000	295	1,5	1,8	2,0	1,6	2,4

In Wasser, Dioxan und Formamid ist K_m genau wie in Benzol gut konstant. Größere Abweichungen treten dagegen in Eisessig und Tetrabromäthan auf, also dort, wo auch η_{sp}/c die größten Abweichungen zeigt. Man erhält aus diesen Werten für die höheren Polymerisationsgrade folgende Mittelwerte der K_m-Konstante (Tabelle 171).

Die niederen Glieder der Reihe zeigen die größten Abweichungen vom Mittelwert der K_m-Konstante. Bei ihnen machen sich die endständigen Hydroxylgruppen bemerkbar, während ihr Einfluß bei den höheren Gliedern gering ist. Das An-

Tabelle 171.

Lösungsmittel	$K_m \cdot 10^4$
Benzol	1,8
Dioxan	1,7
Wasser	1,9
Eisessig	2,6
Tetrabromäthan	2,5
Formamid	1,6

steigen der K_m-Konstante mit abnehmendem Polymerisationsgrad ist zum Teil auf diesen Einfluß zurückzuführen. Um dies weiter zu verfolgen, wurden die Polyäthylenoxyd-dihydrate bis zum Polymerisationsgrad 1, dem Glykol, in Dioxan gemessen. Wie aus der folgenden Tabelle 172 zu ersehen ist, geht mit

Tabelle 172. Polyäthylenoxyd-dihydrate.

Substanz	Mol.-Gew.	$\eta_{sp}/c =$ η_{sp} (4,4%)	$K_m \cdot 10^4$	Anteil der $(OH)_2$-Gruppen am Gesamtmolekül %
Glykol	62	0,08	13	55
2-Äthylenoxyd-dihydrat . .	106	0,09	8,5	32
3- ,, . .	150	0,10	6,7	23
5- ,, . .	238	0,10	4,2	14
9- ,, . .	414	0,15	3,6	8,2
20- ,, . .	920	0,20	2,2	3,7
51- ,, . .	2260	0,41	1,8	1,5
56- ,, . .	2500	0,46	1,8	1,4
64- ,, . .	2830	0,48	1,7	1,2
145- ,, . .	6400	0,93	1,5	0,5
295- ,, . .	13000	1,9	1,5	0,3

steigendem Anteil der beiden Hydroxylgruppen ein starkes Ansteigen der K_m-Konstanten parallel.

Die Polyäthylenoxyd-diacetate sollten zum Unterschied von den Dihydraten dieses starke Ansteigen der K_m-Werte nicht zeigen, da die Viscosität der Acetylgruppe der der Äthylenoxydgruppe annähernd gleich ist. Es zeigt sich in der Tat, daß bei ihnen ein viel schwächeres Ansteigen von K_m mit sinkendem Polymerisationsgrad stattfindet. In Tabelle 173 sind die in Benzol gemessenen spez. Viscositäten der Berechnung von K_m zugrunde gelegt.

Tabelle 173. Polyäthylenoxyd-diacetate.

Substanz	Mol.-Gew.	η_{sp}/c	$K_m \cdot 10^4$
Glykol-diacetat	146	0,03	2,1
2-Äthylenoxyd-diacetat . .	190	0,05	2,6
3- ,, . .	234	0,07	3,0
4- ,, . .	278	0,08	2,9
5- ,, . .	322	0,08	2,5
9- ,, . .	498	0,12	2,4
18- ,, . .	800	0,17	2,1
20- ,, . .	920	0,21	2,3
27- ,, . .	1200	0,25	2,1
35- ,, . .	1530	0,29	1,9
38- ,, . .	1680	0,37	2,2
70- ,, . .	3100	0,48	1,6
145- ,, . .	6400	0,94	1,5
295- ,, . .	13000	1,92	1,5

Außer den Abweichungen der K_m-Konstante bei den niederen Polymerhomologen ist auch bei den höheren ein mehr oder weniger starkes Schwanken der Konstante zu beobachten. Dies rührt daher, daß die verschiedenen Fraktionen in ihrer Zusammensetzung nicht vollständig gleichartig sind, was einmal durch die Art der Darstellung, ferner durch die Herkunft aus verschiedenen Polymerisaten seine Erklärung findet. Wird z. B. eine Fraktion durch Äther ausgefällt, so werden die ausgefällten Moleküle stets auch kürzere Moleküle, die eigentlich noch in Lösung bleiben sollten, mit umschließen und zu Boden reißen. Da man nicht immer ein vollständig gleichmäßiges Ausfällen erreichen kann, werden diese Anteile selbst bei Fraktionen einer Herstellungsart nicht immer von gleicher Größe sein. Eine verschiedene Zusammensetzung einer Fraktion aus großen und kleinen

Tabelle 174.

Polymerisationsgrad	Polyaethylenoxyde $K_m \cdot 10^4$ in		Polymerisationsgrad	Polyoxymethylen-dimethyläther $K_m \cdot 10^4$ in	
	Tetrabromäthan bei 20° [1]	Formamid bei 145°		Chloroform bei 25°	Formamid bei 145°
—	—	—	9	2,4	0,7
—	—	—	14	2,4	—
27	—	1,25	23	—	0,95
55	2,9	1,1	33	—	0,9
145	2,2	0,9	50	—	0,7
295	2,4	0,9	100	—	0,8

[1] Die Lösungsmittel Tetrabromäthan und Chloroform verhalten sich bei Viscositätsmessungen ungefähr gleich.

Molekülen beeinflußt aber Viscosität und Durchschnittsmolekulargewicht in verschiedener Weise. Während bei letzterem nur die Zahl der Teilchen maßgebend ist, rufen wenige große Moleküle, die das Molekulargewicht praktisch nicht beeinflussen, eine große Viscositätserhöhung hervor[1].

Wie oben bemerkt, wurde die K_m-Konstante bei Polyäthylenoxyden gleich der der Polyoxymethylene gefunden. In der Tabelle 174 sind die Konstanten beider Reihen bei 20 und 145° dargestellt, woraus man ersieht, daß sie annähernd gleich groß sind.

2. Die Berechnung der K_m-Konstante.

Nach den Gesetzen, die für die Viscosität verdünnter Lösungen gelten[2], ist es möglich, die Konstante für Stoffe mit Fadenmolekülen auszurechnen. Wie oben erwähnt (S. 301), erhält man aber beim Polyäthylenoxyd statt einer Konstante von $2{,}5 \cdot 10^{-4}$ eine solche von $1{,}8 \cdot 10^{-4}$.

Eine Erklärung dieser merkwürdigen Eigenschaft durch eine modifizierte Vorstellung vom Bau der Polyäthylenoxydkette ist ebenfalls schon entwickelt worden. Es wird zur Erklärung der mäanderförmigen Polyäthylenoxydkette (Formel IX, S. 293) angenommen, daß die Sauerstoffatome eine gegenseitige Anziehung aufeinander ausüben und daß dadurch die Kette bestrebt ist, sich zu verkürzen. Ist diese Vorstellung richtig, so sollte bei niederen Polymerisationsgraden eine solche Anziehung noch nicht wirksam werden, sondern es sollte erst von einem gewissen Polymerisationsgrad an, wenn diese gegenseitige Anziehung der Sauerstoffatome stark genug ist, die Formel VIII in die Formel IX übergehen. Die Berechnung der spez. Viscosität erfolgt nach der Formel $\eta_{sp}(1{,}4\%) = 1{,}2 \cdot 10^{-3} \cdot n$. Dabei ist $1{,}2 \cdot 10^{-3}$ der Viscositätsbetrag eines Kettenatoms in 1,4proz. Lösung und n die Zahl der Kettenatome. Da man die Sauerstoffkettenatome annähernd gleich einer CH_2-Gruppe setzen kann, so müßte man nach Formel VIII für n den dreifachen Polymerisationsgrad oder nach Formel IX den zweifachen Polymerisationsgrad einsetzen. In der folgenden Tabelle 175 sind die nach beiden Formeln errechneten spez. Viscositäten der Diacetate zugleich mit den gefundenen Viscositäten, die auf 1,4proz. Lösung umgerechnet wurden, zusammengestellt. Zu berücksichtigen ist noch, daß man zu der Zahl der Kettenatome diejenigen 5 Atome addieren muß, um die die Kette durch die beiden Acetylgruppen verlängert wird. Aus der Tabelle folgt, daß die normale Zickzackform der Polyäthylenoxydkette, wie sie Formel VIII wiedergibt, noch bis zum Polymerisationsgrad 9 zutrifft. Bei höheren Polymerisationsgraden geht die Kette dagegen in die Mäanderform der Formel IX über. Bis zum Polymerisationsgrad 9 stimmen die gefundenen spez. Viscositäten mit den aus Formel VIII berechneten überein, bei höheren Polymeren dagegen die nach Formel IX berechneten. Verständlich wird diese Tatsache beim Vergleich beider Formelbilder. Bei niederen Polymerisationsgraden herrscht die Zickzackform vor, und erst bei höheren, wenn eine gewisse Häufung der sich anziehenden Sauerstoffatome vorliegt, wird die Kette verkürzt, wie Formel IX zeigt (S. 312). Die Tatsache, daß die Übereinstimmung der berechneten spez. Viscositäten mit den gefundenen

---

[1] Vgl. dazu S. 169.
[2] Vgl. S. 67.

Tabelle 175. Berechnung der spezifischen Viscosität der Polyäthylenoxyd-
diacetat-Lösungen.

Polymerisations-grad	Zahl der Kettenatome		η_{sp} (1,4 %) gef.	η_{sp} (1,4 %) berechnet nach	
	nach Formel VIII	nach Formel IX		Zickzack-formel VIII	Mäander-formel IX
1	8	7	0,009	0,0096	0,0074
2	11	9	0,016	0,013	0,011
3	14	11	0,021	0,017	0,013
4	17	13	0,025	0,020	0,016
5	20	15	0,025	0,024	0,018
9[1]	32	23	0,038	0,038	0,028
18	59	41	0,054	0,071	0,049
20	65	45	0,067	0,078	0,054
27	86	59	0,080	0,10	0,071
35	110	75	0,092	0,13	0,090
38	119	81	0,12	0,14	0,10
70	215	145	0,15	0,26	0,17
145	440	295	0,30	0,53	0,35
295	890	595	0,61	1,07	0,71

nicht vollständig ist, liegt auch hier daran, daß die Produkte verschiedenen Ursprung haben und daher Gemische wechselnder Zusammensetzung darstellen.

VIII.

$$H_3C-C(=O)-O-C-C-O-C-C-O-C(=O)-CH_3$$

(bis zum Polymerisationsgrad 9)

IX.

$$H_3C-C(=O)-O\cdots\cdots O-C-CH_3$$
        $C-C$
          O

VIII.

$$H_3C-C(=O)-O-C-C-O-C-C-O-C-C-O-C-C-O-C-C-O-C-C-O-C(=O)-CH_3$$

(bei höherem Polymerisationsgrad)

IX.

$$H_3C-C(=O)-O-C-C-O-C-C-O-C-C-O-C(=O)-CH_3$$

Komplizierter als bei den Diacetaten liegen die Verhältnisse bei den Dihydraten, da bei ihnen noch die starken koordinativen Kräfte der Hydroxylgruppen vorhanden sind. Glykol ist in Lösung viel höher viscos, als die Berechnung ergibt. Erst bei höheren Polymerisationsgraden treten die koordinativen Bindungen zurück und die Stoffe sind als normale Moleküle löslich. Es tritt dann Konstanz der K_m-Werte ein.

---

[1] Die Polyäthylenoxyde zwischen dem Polymerisationsgrad 5 und 9 lassen sich aus präparativen Gründen schwer rein darstellen; sie sind nicht fest, lassen sich auch nicht durch Destillation reinigen.

3. Die Beziehung $M = K_c \cdot K_{cm}$.

Eine andere Beziehung zwischen der Viscosität und dem Molekulargewicht hat sich auf Grund der ARRHENIUSschen Gleichung: $\log \eta_r = K_c \cdot c$ ergeben[1]. Man fand nämlich bei den Polystyrolen, daß die Konstante K_c, die „Viscositätskonzentrationskonstante", in einem einfachen Zusammenhang mit dem Molekulargewicht steht. Diese empirisch gefundene Beziehung, die die Form $M = K_c \cdot K_{cm}$ hat, wobei K_{cm} eine neue Konstante, die „Molekulargewichtskonzentrationskonstante" ist, besitzt auch für die polymer-homologen Reihen der Polyprene (Kautschuk und Balata) und Polyprane (Hydrokautschuk und Hydrobalata) Gültigkeit[2].

In der Tabelle 176 ist $K_{cm} = \dfrac{M}{K_c}$ für die polymer-homologe Reihe der Polyäthylenoxyd-dihydrate ebenfalls ausgerechnet, wobei die in Benzol bei 20° gemessenen relativen Viscositäten zugrunde gelegt wurden.

Tabelle 176.
K_{cm}-Werte der Polyäthylenoxyd-dihydrate.

Polymerisationsgrad	Mol.-Gew.	K_c	$K_{cm} \cdot 10^{-4}$
18	800	0,08	1,0
20	920	0,09	1,0
24	1090	0,10	1,1
27	1200	0,12	1,0
35	1530	0,11	1,4
35	1540	0,11	1,4
38	1680	0,15	1,1
51	2260	0,17	1,3
56	2500	0,17	1,5
61	2700	0,17	1,6
64	2830	0,19	1,5
70	3100	0,19	1,6
81	3590	0,22	1,6
136	6000	0,31	1,8
145	6400	0,39	1,7
210	9300	0,45	2,1
295	13000	0,69	1,9

Die Abweichungen bei den niederen Fraktionen beruhen, wie die Abweichungen der K_m-Konstanten, auf koordinativen Bindungen zwischen den normalen Molekülen dieser Substanzen. Da die hochpolymeren Polyäthylenoxyde ebenfalls der ARRHENIUSschen Beziehung nicht folgen, sind bei ihnen größere Abweichungen von der K_{cm}-Konstante zu verzeichnen. In anderen Lösungsmitteln liegen ganz entsprechende Verhältnisse vor (Tabelle 177).

Tabelle 177.

Mol.-Gew.	Polymerisationsgrad	$K_{cm} \cdot 10^{-4}$ von Polyäthylenoxyd-dihydraten in folgenden Lösungsmitteln:				
		Dioxan	Wasser	Eisessig	Formamid	Tetrabromäthan
238	5	0,52	—	—	—	—
414	9	0,68	—	—	—	—
920	20	1,2	0,9	0,7	—	0,66
1200	27	—	—	—	1,1	—
2260	51	1,42	1,42	—	—	—
2500	56	1,47	1,47	0,86	1,85	0,93
2830	64	1,51	—	—	—	—
6400	145	1,64	1,64	1,1	2,1	1,2
13000	295	1,71	1,66	1,2	1,77	1,3

[1] STAUDINGER, H.: Kolloid-Ztschr. **51**, 71 (1930). Vgl. S. 59.
[2] STAUDINGER, H.: Ber. Dtsch. Chem. Ges. **63**, 921 (1930).

314   Das Polyäthylenoxyd, ein Modell der Stärke.

Der Mittelwert der Konstante beträgt also in Benzol $1{,}6 \cdot 10^4$. Berechnet man K_{cm} aus K_m, so ergibt sich $K_{cm} = \dfrac{2{,}3023}{K_m} = 1{,}3 \cdot 10^4$*. Die K_{cm}-Konstante zeigt nicht so gute Konstanz wie die K_m-Konstante. Zur Berechnung von Molekulargewichten wurde daher immer die K_m-Konstante benutzt.

4. Die Beziehung zwischen Viscosität und Molekulargewicht bei reinen, flüssigen Polyäthylenoxyden.

Aus dem Vorhergehenden folgt, daß bei Polyäthylenoxyden im gelösten Zustand einfache Zusammenhänge zwischen der Viscosität und dem Molekulargewicht bestehen. Dies rührt daher, daß wir es hier mit freien Einzelmolekülen zu tun haben, die im wesentlichen durch ihre Länge und Konzentration die Viscosität der Lösung hervorrufen. Schwieriger und komplizierter werden die Verhältnisse, wenn der Zusammenhang zwischen Molekülgröße und Viscosität bei den flüssigen reinen Substanzen selbst untersucht werden soll. Die Gestalt der Moleküle, ihre chemischen Affinitäten und zwischenmolekularen Kräfte spielen für die Viscosität einer Flüssigkeit eine ausschlaggebende Rolle, und es ist nicht ohne weiteres möglich, diese Faktoren zu eliminieren.

Nach GARTENMEISTER[1] soll innerhalb einer homologen Reihe die Beziehung $\eta_{abs}/M^2 = $ konstant gelten. Für die Paraffine trifft diese Beziehung auch annähernd zu. Bei den flüssigen Polyäthylenoxyden dagegen steigt die Viscosität mit wachsender Kettenlänge langsamer, als erwartet werden sollte. Sie wird bei den niederen Gliedern zu hoch gefunden, was darauf zurückzuführen ist, daß der viscositätserhöhende Einfluß der Hydroxylgruppen bei den niederen Gliedern größer ist als bei den höheren. Deshalb gilt hier nicht die GARTENMEISTERsche Beziehung, sondern es besteht der Zusammenhang $\dfrac{\eta_{abs}}{M} = K$.

Tabelle 178.

Mol.-Gew.	Polymerisationsgrad	η_{abs} bei 20°	$\dfrac{\eta_{abs}}{M^2} \cdot 10^5$	$\dfrac{\eta_{abs}}{M} \cdot 10^3$	Anteil der $(OH)_2$ am Gesamtmolekül %
180	4	0,49	1,51	2,7	19
236	5	0,66	1,18	2,8	14
310	6	0,83	0,86	2,7	11
414	9	1,25	0,73	3,0	8

Bei höheren Polymerisationsgraden, wo der Einfluß der Hydroxylgruppen zurücktritt, sollte dann die GARTENMEISTERsche Beziehung gelten, doch wurden solche Messungen noch nicht vorgenommen. Daß dieser Einfluß der Hydroxylgruppen vorhanden ist, sieht man an dem großen Viscositätsunterschied zwischen Polyäthylenoxyd-dihydraten und Polyäthylenoxyd-diacetaten. So ist z. B. die absolute Viscosität des 9-Äthylenoxyd-dihydrates bei 20° = 1,25 Poise, während die des 9-Äthylenoxyd-diacetates bei 20° = 0,52 Poise beträgt.

---

* HESS, K., u. J. SAKURADA: Ber. Dtsch. Chem. Ges. **64**, 1184 (1931). — FREUNDLICH: Capillarchemie **2**, 541. 4. Aufl.
[1] Ztschr. f. physik. Ch. **6**, 524—551 (1890).

VII. Versuchsteil.
1. Polymerisation des Äthylenoxydes[1].

a) **Trocknung des Äthylenoxydes und Versuchsanordnung.**

Das Äthylenoxyd läßt sich nur schwierig trocknen. Beim Überleiten über Phosphorpentoxyd oder Chlorcalcium tritt heftige Reaktion ein. Es wurde daher durch mehrere, mit frisch geglühtem Natronkalk beschickte Röhren geleitet[2] und dann direkt in Bombenrohre destilliert. Bei —80° wurde dann der Katalysator zugesetzt, nach einiger Zeit zugeschmolzen und bei 15° sich selbst überlassen. Wegen der Explosionsgefahr wurden die zugeschmolzenen Bombenrohre in einem Schießofen untergebracht.

b) **Verlauf der Polymerisation.**

Den Beginn der Polymerisation beobachtet man daran, daß das Reaktionsgemisch beim Schütteln anfängt zu schäumen. Allmählich wird es dann immer viscoser, bis schließlich der Bombeninhalt zu einer manchmal weißen, meist aber mehr oder weniger braun gefärbten Masse erstarrt.

α) *Polymerisation mit Äthylen-chlorhydrin.*

25 ccm Äthylenoxyd wurden mit 4 g Äthylenchlorhydrin und einigen Tropfen Zinntetrachlorid eingeschmolzen. Es entstand eine hochviscose, trübe Masse, die auch nach längerem Stehen nur zum geringen Teil fest wurde. Es waren also in der Hauptmenge niedere Polymerisate entstanden. Bei der Destillation im Hochvakuum ging jedoch selbst bei einer Temperatur von über 100° nichts über. Das Äthylenchlorhydrin war also verschwunden. Das entstandene Produkt war nach dem Reinigen noch chlorhaltig, und es konnten aus ihm höhermolekulare Polyäthylenoxyd-chlor-hydrate isoliert werden. Ein analoges Ergebnis wurde mit Glykol erhalten.

β) *Polymerisation mit verschiedenen Mengen von Katalysatoren.*

Äthylenoxyd und Trimethylamin wurden in verschiedenen Mengenverhältnissen zur Polymerisation angesetzt (Tabelle 179).

Äthylenoxyd wurde mit Trimethylamin und Wasser in verschiedenen Mengenverhältnissen angesetzt (Tabelle 180).

Verschiedene Mengen von Aminen haben also auf

Tabelle 179.

Äthylenoxyd : Trimethylamin (in Molen)	Polymerisationsdauer	Durchschnittspolymerisationsgrad[3]
50 : 1	8 Tage	57
100 : 1	4,5 Monate	60
400 : 1	nach 2 Jahren noch flüssig	—

Tabelle 180.

Äthylenoxyd : Trimethylamin : Wasser in Mol.	Polymerisationsdauer	Polymerisationsgrad
10 : 1 : 1	3 Tage	52
20 : 1 : 1	4 Tage	57

---

[1] Von der I.G. Farbenindustrie Ludwigshafen wurde uns eine größere Menge Äthylenoxyd zur Verfügung gestellt, wofür auch an dieser Stelle der verbindlichste Dank ausgesprochen sei.
[2] ROITHNER: Monatshefte f. Chemie 15, 679 (1894).
[3] Aus Viscositätsmessungen berechnet.

den Polymerisationsgrad keinen Einfluß. Anders ist es dagegen bei Polymerisation mit Metallen. Äthylenoxyd wurde mit metallischem Kalium im Verhältnis 50 : 1 und 100 : 1 angesetzt. Die Polymerisationsdauer betrug 3 bzw. 14 Tage, der Polymerisationsgrad in diesem Fall 34 bzw. 114.

γ) Unterbrechung in verschiedenen Stadien der Polymerisation.

Tabelle 181. Polymerisation mit Trimethylamin im Verhältnis 50 : 1.

Unterbrochen nach	Aussehen des Reaktionsgemisches	Verhältnis von Monomerem zu festem Polymerisat	η_{sp}/c des festen Polymerisats	Polymerisationsgrad des festen Polymerisats
18 Stunden	dünnflüssig	1 : 1	0,31	34
24 Stunden	dickflüssig	1 : 2	0,30	34
8 Tage, auspolymerisiert	fest	alles fest	0,35	40

δ) Polymerisation mit Mono- und Dimethylamin in verschiedenen Mengenverhältnissen.

Die folgenden Polymerisationen wurden unter völligem Wasserausschluß vorgenommen.

Tabelle 182.

Äthylenoxyd : Amin	Mit Monomethylamin		Mit Dimethylamin	
	Aussehen	Zusammensetzung	Aussehen	Zusammensetzung
5 : 1	zähflüssig, farblos	niederpolymere Aminoäthanole	zähflüssig, schwarzbraun	niederpolymere Aminoäthanole vom Polymerisationsgrad 3—12
10 : 1	zum Teil zähflüssig, zum Teil fest	niederpolymere Aminoäthanole + hochmolekulares Polyäthylenoxyd	explodiert	
20 : 1	fest, nur wenig zähflüssig		zähflüssig, schwarzbraun	
40 : 1	fest, gelblich	nur hochmolekulares Polyäthylenoxyd	fest, braun	nur hochmolekulares Polyäthylenoxyd
100 : 1	fest, weiß		fest, weiß	

c) Explosiver Verlauf der Polymerisation.

Ein explosiver Verlauf der Polymerisation wurde bei metallischem Kalium als Katalysator fast immer beobachtet. Um trotzdem mit Kalium Polymerisate zu bekommen, muß das Reaktionsgemisch entweder mit der gleichen Menge indifferenten Lösungsmittels, z. B. Toluol, versetzt werden, oder das Bombenrohr vor dem Zuschmelzen unter Chlorcalciumverschluß einige Stunden auf 0° gehalten werden, wobei die Hauptreaktion schnell vorübergeht. Natrium-Kalium-Legierung und gepulvertes Kalium verursachen ebenfalls Explosion. Mit Trimethylamin wurde bisher nur ein einziges Mal Explosion beobachtet. Dieser Versuch war aber bei etwas höherer Temperatur, ca. 30°, ausgeführt worden. Mischt man Trimethylamin dagegen Wasser bei, etwa im molaren Verhältnis, so verläuft die Polymerisation ebenfalls so heftig, daß Explosionen auftreten. Auch hier läßt man am besten das Reaktionsgemisch eine Zeitlang bei 0° unter Chlorcalciumverschluß stehen. Eine besonders heftige Explosion trat mit 30 proz. Kalilauge bei 55—60° ein. Hierbei wurde sogar die offene, eiserne Schutzhülse der Länge nach aufgerissen. Bei niederen Temperaturen wurden mit Kalilauge keine Explosionen beobachtet. Explosionen mit Zinntetrachlorid sind ebenfalls hin und wieder aufgetreten.

d) Wirksamkeit verschiedener Katalysatoren.

Aus der folgenden Tabelle 183 ist die Wirksamkeit verschiedener Katalysatoren bei der Polymerisation des Äthylenoxyds zu ersehen. In der letzten Spalte sind die aus den bei 20° in Benzol gemessenen η_{sp}/c-Werten berechneten Durchschnittsmolekulargewichte der Polymerisate eingesetzt. Die K_m-Konstante berechnet sich hier zu $2 \cdot 10^{-4}$*.

Tabelle 183.

Katalysator 50:1	Polymerisations-dauer	Aussehen der Polymerisate	η_{sp}/c	Durchschnitts-molekulargewicht
Trimethylamin	8 Tage	leicht gelblich	0,52	2500
Dimethylamin	12 „	farblos	0,41	2000
Methylamin	16 „	gelblich	0,32	1500
Triäthylamin	50 „	gelblich	0,50	2500
Diäthylamin	45 „	gelblich	0,41	2000
Äthylamin	40 „	weiß	0,41	2000
Triäthanolamin	16 „	gelblich	0,28	1400
Piperidin	40 „	braun	0,47	2300
Natrium	10 „	braun	0,54	2500
Kalium	3 „	stark braun	0,30	1500
Kalium pulverisiert	—	hellgelb	0,49	2500
Zinntetrachlorid	5—8 Tage	weiß	0,42	2000
Natriumamid	2½ Monate	gelblich	1,28	6500
Unter peinlichem Wasserausschluß wurden erhalten:				
Kalium 50:1	12 Tage	braun	0,57	2800
Kalium 100:1	14 „	braun	1,0	5000
Natriumamid 100:1	2½ Monate	gelblich	2,0	10000

Metallisches Calcium polymerisiert auch in 2 Jahren nicht, ebenso Natriummethylat. 30proz. Kalilauge bei Zimmertemperatur im Verhältnis 1:10 polymerisiert in 5 Tagen (Durchschnittsmolekulargewicht 1000).
Bei 55—60° und Wasserzusatz (in Gestalt von 3proz. Kalilauge) im Verhältnis 4:1 erhält man nach ca. 10 Tagen die niederen flüssigen Polyäthylenoxyde vom Durchschnittspolymerisationsgrad 4.

2. Die Polyäthylenoxyd-dihydrate. Trennung und Untersuchung der Fraktionen.

a) Methodisches.

Zur Trennung in Fraktionen wurde entweder die fraktionierende Extraktion mit Äther oder die fraktionierende Ausfällung mit Äther angewandt. Letztere wurde schon in der früheren Arbeit[1] benutzt.

Eine sorgfältige Reinigung ist bei hochpolymeren Substanzen außerordentlich wichtig. Jede einzelne Fraktion wurde daher für sich umgefällt. Nach dem

---
* Die K_m-Konstante ist für unfraktionierte Gemische etwas höher als für die relativ einheitlichen Fraktionen.
[1] Ber. Dtsch. Chem. Ges. **62**, 2395 (1929).

Abnutschen und Nachwaschen mit Äther wurde dann zuerst im Exsiccator (mit Phosphorpentoxyd beschickt) vorgetrocknet und dann im Hochvakuum bis zur Gewichtskonstanz getrocknet. Nach 8 Tagen waren hierbei auch die hochmolekularen Fraktionen gewichtskonstant. Die vollständige Befreiung vom Lösungsmittel ist natürlich besonders für die Molekulargewichtsbestimmung sehr wesentlich. Alle Fraktionen zeigen keine scharfen Schmelzpunkte. Sie fangen schon einige Grade unterhalb desselben an zu sintern. Der Anfang der Sinterung ist bedeutend weniger scharf als der Endpunkt.

b) Molekulargewichtsbestimmungen.

Die Molekulargewichte wurden kryoskopisch nach BECKMANN bestimmt. Als Lösungsmittel wurde Dioxan genommen, das besonders die hochmolekularen

Tabelle 184.
Reines Lösungsmittel: 20,66 g.

Unterkühlung	Schmelzpunkt	Badtemperatur Grad
2,25	2,523	6,7°
2,24	2,518	7,0°
2,32	2,518	7,0°
2,20	2,518	7,0°
2,26	2,518	7,0°
Einwage: 0,4118 g.		
2,30	2,509	7,0°
2,28	2,506	7,0°
2,26	2,508	7,0°
2,28	2,509	7,0°
2,22	2,509	7,0°

Die Differenz beträgt $\Delta = 0{,}009°$, woraus ein Molekulargewicht von 11000 folgt.

Tabelle 185.
Reines Lösungsmittel: 20,66 g.

Unterkühlung	Schmelzpunkt	Badtemperatur Grad
2,30	2,518	7,0°
2,23	2,522	7,0°
2,23	2,522	7,0°
2,15	2,522	7,0°
2,17	2,522	7,0°
Einwage: 0,4208 g.		
2,27	2,514	7,0°
2,25	2,514	7,0°
2,33	2,514	7,0°

Depression $\Delta = 0{,}008°$, Molekulargewicht 12800.

Tabelle 186.
Reines Lösungsmittel: 20,66 g.

Unterkühlung	Schmelzpunkt	Badtemperatur Grad
2,17	2,507	7,0°
2,20	2,511	7,0°
2,16	2,511	7,0°
2,29	2,509	7,0°
2,28	2,511	7,0°
2,32	2,511	7,0°
Einwage: 0,5169 g.		
2,38	2,501	7,0°
2,27	2,499	7,0°
2,32	2,500	7,0°
2,35	2,500	7,0°
2,37	2,500	7,0°

$\Delta = 0{,}011°$, Molekulargewicht 11400.

Polyäthylenoxyde bedeutend schneller löst als Benzol. Reines Dioxan[1] wurde einige Wochen über Natriumdraht stehen gelassen und dann einer zweimaligen Destillation mit der Widmer-Kolonne[2] unterworfen. Aufgefangen wurde von 100,5—101°. Der Schmelzpunkt des reinen Dioxans liegt bei 11°[3]. Die Badtemperatur wurde durch Zufließenlassen von Eiswasser konstant auf 6,9° bzw. 7,0° gehalten. Das Konstanthalten des Bades ist außerordentlich wichtig für das Gelingen der Messung. Ein genaues und schnelles Einstellen des

---
[1] Hierzu wurde uns von der I.G. Farbenindustrie Ludwigshafen ein völlig reines Dioxan zur Verfügung gestellt, wofür wir auch an dieser Stelle unsern verbindlichsten Dank aussprechen möchten.
[2] WIDMER, G.: Helv. chim. Acta **7**, 59 (1924).
[3] HERZ, W., u. E. LORENTZ: Ztschr. f. physik. Ch. (A) **140**, 406 (1929).

Die Polyäthylenoxyd-dihydrate [Zweiter Teil, C. VII. 2.]. 319

Beckmannthermometers wurde durch leichtes Klopfen auf den Tisch gefördert. Die Raumtemperatur muß bei den Messungen möglichst konstant sein. Bis zu einem konstanten Einstellen der Schmelzpunkte mußten stets eine ganze Reihe von Ablesungen gemacht werden. In Tabellen 184 bis 186 ist als Beispiel dieser Bestimmungen die des höchstmolekularen Polyäthylenoxyd-dihydrates vollständig wiedergegeben.

Die Molekulargewichtskonstante für Dioxan beträgt 5010[1].

c) Das feste Kalilaugepolymerisat.
Polymerisationsgrad ca. 20.

Das Produkt wurde mit 30proz. Kalilauge dargestellt, wobei Wasser und Äthylenoxyd sich im Verhältnis 1 : 10 befanden. 100 g des gelblichen Rohproduktes wurden getrocknet und im Soxhlet 15 Stunden mit Äther extrahiert. Aus dem Äther schied sich der größte Teil schon in der Wärme als Öl aus und erstarrte beim Erkalten. Er wurde abgenutscht, mit kaltem Äther nachgewaschen und getrocknet (Fraktion 2 : 60 g). Aus dem Rückstand erhielt man durch weitere fünftägige Extraktion 21 g (Fraktion 3). Zurück blieben nur 5 g (Fraktion 4), die durch Kochen der Benzollösung mit Tierkohle rein weiß erhalten wurden. Aus den Mutterlaugen+Waschflüssigkeit wurden durch Abkühlen auf —20° noch 4 g (Fraktion 1) gewonnen. Beim Abdampfen der Mutterlauge blieben noch einige Gramm flüssige Polyäthylenoxyde zurück, die aber nicht näher untersucht wurden. Die Fraktionen 1, 2 und 3 sind hygroskopisch, am stärksten Fraktion 1. Sie wurden alle im Hochvakuum bis zur Gewichtskonstanz getrocknet, was in einigen Tagen erreicht war, und dann ihre Schmelzpunkte, relative Viscositäten in Benzol in 1-grundmolarer Lösung bei 20° und das Molekulargewicht in Dioxan bestimmt. Außerdem wurden von jeder Fraktion Mikroanalysen gemacht.

Tabelle 187.

Fraktion	Löslichkeit in Äther	Schmelz-intervall Grad	η_r in Benzol bei 20° in 1-gd-mol. Lösung
Unfrakt. Substanz	—	27—44	1,26
1	in kaltem Äther löslich	25—29	1,20
2	in wenig warmem Äther löslich	36—42	1,23
3	in viel warmem Äther löslich	40—48	1,32
4	unlöslich	48—52	1,40

Tabelle 188. Molekulargewichtsbestimmung.

Fraktion	Einwage g	Dioxan g	Δ	Mol.-Gew.	Mittelwert	Polymerisationsgrad
Unfrakt. Substanz	0,4171 0,3466	21,88	0,118 0,099	810 800	810	18
1	0,1872 0,2329	21,88	0,055 0,067	780 790	790	18
2	0,2705 0,3392	21,88	0,068 0,088	910 880	900	20
3	0,2562 0,2838	21,88	0,048 0,058	1220 1120	1170	26
4	0,2461 0,1946	21,88	0,036 0,027	1570 1650	1610	36

[1] Vgl. Fußnote 3 auf voriger Seite.

Die Fraktionen sind frei von Alkali, sie hinterlassen beim Veraschen keinen wägbaren Rückstand.

Die physikalischen Konstanten sind in der Tabelle 187 zusammengestellt.

Mit Hilfe des aus den Molekulargewichten errechneten Polymerisationsgrades wurde der Gehalt an C und H berechnet nach der Formel $(C_2H_4O)_a \cdot H_2O$, wobei a = Polymerisationsgrad ist.

Tabelle 189. Mikroanalysen.

Polymerisationsgrad	Gefunden in Proz.		Berechnet in Proz.	
	C	H	C	H
18	51,36	8,24	53,35	9,14
18	53,28	9,32	53,35	9,14
20	53,27	8,89	53,55	9,13
26	53,73	9,28	53,73	9,12
36	53,80	8,58	53,95	9,11

d) Zinntetrachloridpolymerisat.
Polymerisationsgrad 45.

Das Produkt wurde nach Darstellung zunächst durch längeres Erhitzen der wässerigen Lösung auf dem Wasserbad und Filtrieren der ausgeschiedenen Zinnsäure gereinigt. Das Wasser wurde dann abgedampft und das Produkt getrocknet. 80 g feuchtes Rohprodukt wurden in 400 ccm Benzol gelöst und in 1 l Äther einfließen lassen. Das ausgefallene Polyäthylenoxyd wurde abgenutscht und getrocknet: 25 g. Es wurde in 200 ccm Benzol gelöst und 200 ccm Äther zugetropft. Es fielen 13 g (Fraktion 2) aus. Die Mutterlauge wurde etwas eingedampft und dann in 1 l Äther einfließen lassen. Es fielen 6 g (Fraktion 1) aus. Fraktion 1 war noch etwas hygroskopisch, Fraktion 2 nicht mehr. Sie wurden im Hochvakuum getrocknet und waren zinn- und chlorfrei. Die Eigenschaften, Molekulargewichte und Analysen sind in den Tabellen 190 bis 192 zusammengestellt.

Tabelle 190. Physikalische Eigenschaften.

Fraktion	Löslichkeit in Äther	Schmelzpunkt Grad	η_r in Benzol in 1-gd-mol. Lösung
1	in viel warmem Äther löslich	35—40	1,29
2	unlöslich	42—54	1,54

Tabelle 191. Molekulargewichte.

Fraktion	Einwage g	Dioxan g	Δ	Mol.-Gew.	Mittelwert	Polymerisationsgrad
1	0,1974 / 0,2190	20,66	0,037 / 0,046	1300 / 1160	1230	28
2	0,2878 / 0,2386	20,66	0,022 / 0,020	3170 / 2900	3040	69

Tabelle 192. Mikroanalysen.

Polymerisationsgrad	Gefunden in Proz.		Berechnet in Proz.	
	C	H	C	H
28	53,84	9,27	53,80	9,12
69	54,33	9,24	54,30	9,11

Die Polyäthylenoxyd-dihydrate [Zweiter Teil, C. VII. 2.].

e) **Trimethylaminpolymerisat.**
Polymerisationsgrad ca. 50.

2,5% Trimethylamin (1 Mol auf 50) polymerisieren Äthylenoxyd in 8 Tagen. Das Produkt ist gelblich und enthält trotz mehrmaligem Umfällen noch ca. 0,5% Stickstoff, wie nach KJELDAHL festgestellt wurde. Löst man jedoch in Alkohol statt in Benzol und fällt mit Äther aus, so verschwindet nach dreimaligem Wiederholen dieser Operation der Stickstoffgehalt. Das Produkt wurde durch fraktionierendes Ausfällen in 6 Fraktionen zerlegt. Ihre Eigenschaften, Molekulargewichte und Analysen sind in den Tabellen 193 bis 195 zusammengestellt.

Tabelle 193. Eigenschaften.

Fraktion	Löslichkeit in Äther	Schmelzpunkt Grad	η_r
Unfrakt. Substanz	—	44—55	1,52
1	löslich in kaltem Äther	33—38	1,26
2	löslich in warmem Äther	43—47	1,28
3		47—53	1,47
4	abnehmende Löslichkeit in Benzol-Äther-Gemischen	49—55	1,48
5		50—53	1,55
6		50—57	1,65

Tabelle 194. Molekulargewichte.

Fraktion	Einwage g	Dioxan g	Δ	Molekulargewicht	Mittelwert	Polymerisationsgrad
Unfrakt. Substanz	0,2894	21,88	0,030	2210	2150	49
	0,2934		0,032	2100		
1	0,1245	21,88	0,028	1020	1090	24
	0,2062		0,041	1150		
2	0,3433	21,88	0,052	1510	1540	35
	0,3730		0,0545	1570		
3	0,1975	21,88	0,020	2260	2260	51
	0,2357		0,024	2250		
4	0,2897	21,88	0,0275	2410	2500	56
	0,2154		0,019	2600		
5	0,3864	21,88	0,0315	2810	2830	64
	0,3534		0,0285	2840		
6	0,3653	21,88	0,024	3490	3590	81
	0,1931		0,012	3690		

Tabelle 195. Mikroanalysen.

Polymerisationsgrad	Gefunden in Proz.		Berechnet in Proz.	
	C	H	C	H
49	53,7	9,3	54,09	9,11
24	53,43	9,07	53,62	9,13
35	54,07	9,12	53,92	9,12
51	54,39	9,20	54,11	9,11
56	54,36	9,13	54,16	9,11
64	53,53	9,13	54,21	9,11
81	54,11	9,08	54,26	9,11

Diese hochmolekularen Dihydrate zeigen merkwürdigerweise bei der Blindprobe der FREUDENBERGschen Acetylbestimmung einen Säuregehalt von 0,6%. Diacetate wurden daher nicht hergestellt.

f) Kaliumpolymerisate.

Es wurden zwei Kaliumpolymerisate untersucht, die durch verschiedene Mengen Katalysator erhalten worden sind. Das höchstmolekulare von ihnen wurde folgendermaßen gereinigt: Es wurde mit einem Überschuß Essigsäureanhydrid gekocht, die Hauptmenge Anhydrid abdestilliert, der Rückstand in Benzol gelöst und mit viel Äther gefällt. Das Ausfällen mit Äther wurde dann noch zweimal wiederholt. Das so erhaltene Diacetat wurde mit alkoholischer Kalilauge verseift, zur Trockne verdampft, im Vakuum auf dem Wasserbad einen Tag lang getrocknet und dann mit Benzol aufgenommen. Die benzolische Lösung wurde filtriert und mit Äther gefällt. Das Umfällen wurde noch zweimal wiederholt. Das so erhaltene Produkt hatte einen Schmelzpunkt von 55—65° und dieselbe relative Viscosität wie vor dem Umfällen.

Die Molekulargewichte beider Polymerisate sind in Tabelle 196, die Mikroanalysen des höchstmolekularen in Tabelle 197 dargestellt.

Tabelle 196. Molekulargewichte.

Polymerisat	Einwage g	Dioxan g	Δ	Mol.-Gew.	Mittelwert	Polymerisationsgrad
1	0,2211	20,66	0,026	2100	2200	50
	0,2144	20,66	0,024	2200		
2	0,2916	20,66	0,012	5900	5900	134
	0,2251	20,66	0,009	6100		
	0,3309	20,66	0,014	5700		

Tabelle 197. Mikroanalysen: Polymerisat 2 von Tabelle 196.

Substanz	Gefunden in Proz.		Berechnet in Proz.	
	C	H	C	H
Ungereinigt	54,36	8,78	54,63	9,10
Gereinigt	54,36	9,13		

g) Natriumamidpolymerisate.

Durch verschiedene Mengen Katalysator (1 und 0,5%) wurden drei Natriumamidpolymerisate dargestellt, von denen die beiden letzten sehr hochmolekular sind (Molekulargewicht 9000 bzw. 13000). Diese beiden Substanzen lösen sich in Dioxan, Wasser, Formamid und Tetrabromäthan in der Kälte, in Alkohol, Benzol, Toluol, Xylol, Tetralin, Hexahydrobenzol, Tetrachloräthan und Chloroform beim Erwärmen. Aus letzteren Lösungsmitteln fallen sie aber beim Abkühlen wieder aus. Unlöslich sind sie in Äther und Petroläther. In Wasser sind sie in jedem Verhältnis löslich. Ihre erstarrten Schmelzen sind viel härter als die aller vorigen Polymerisate, lassen sich aber noch gut pulverisieren. Sie enthalten keinen Stickstoff und hinterlassen keinen wägbaren Rückstand beim Veraschen. Die Molekulargewichtsbestimmungen der höchstmolekularen Substanz

Die Polyäthylenoxyd-diacetate [Zweiter Teil, C. VII. 3.].

sind bereits oben ausführlich mitgeteilt (Tabellen 184 bis 186, S. 318). In Tabelle 198 folgen die Analysen der beiden höchstmolekularen Polymerisate.

Tabelle 198. Mikroanalysen.

Polymerisations-grad	Gefunden in Proz.		Berechnet in Proz.	
	C	H	C	H
210	54,15	9,34	54,43	9,10
295	54,16	8,73	54,55	9,10

3. Die Polyäthylenoxyd-diacetate.

a) **Darstellung und Eigenschaften.**

4,4 g des betreffenden Polyäthylenoxyd-dihydrates wurden mit 30,6 ccm Essigsäureanhydrid 4 Stunden am Rückflußkühler gekocht. Darauf wurde die Hauptmenge Anhydrid im Vakuum abdestilliert. Die niedermolekularen Diacetate (bis zum Molekulargewicht 1500) wurden in reinem Zustand durch Trocknen im Hochvakuum, die höheren durch wiederholtes Umfällen erhalten.

In ihrem Aussehen und ihrer Löslichkeit unterscheiden sich die Diacetate nicht merkbar von den Dihydraten. Ihre Schmelzpunkte liegen durchweg etwas niedriger als die der entsprechenden Hydroxylverbindungen. Auch die relativen Viscositäten in Benzol bei 20° in grundmolarer Lösung sind etwas geringer. In der folgenden Tabelle 199 sind diese Konstanten für beide Arten von Verbindungen zusammengestellt.

Tabelle 199.

Katalysator	Fraktion	Mol.-Gew.	Aussehen der		Schmelzpunkte der		Relative Viscosität in 1 gd-mol. Lösung	
			Dihydrate	Diacetate	Dihydrate Grad	Diacetate Grad	Dihydrate	Diacetate
Konz. Kalilauge	1	800	halbfest, farblos	halbfest, gelblich	25—29	—26	1,20	1,17
	2	920			36—42	—34	1,23	1,21
	3	1200			40—48	35—43	1,32	1,25
	4	1680	farblos, fest	farblos, fest	48—52	44—50	1,40	1,37
SnCl$_4$	1	1530	desgl.	desgl.	35—40	35—45	1,29	1,30
	2	3100	desgl.	desgl.	42—54	42—52	1,54	1,50
Kalium	1	2700	desgl.	desgl.	—	—	1,24[1]	1,28[1]
	2	6400	desgl.	desgl.	55—65	56—62	1,49[1]	1,48[1]
Natriumamid	1	6000	desgl.	desgl.	55—60	—	2,05	2,01
	2	9300	desgl.	desgl.	55—60	53—60	2,82	—
	3	13000	desgl.	desgl.	55—70	53—69	2,13[1]	1,96[1]

b) **Molekulargewichte der Acetylverbindungen.**

Von einigen Diacetaten wurden auch kryoskopisch nach BECKMANN Molekulargewichte bestimmt, um zu sehen, ob bei der Acetylierung kein Abbau eingetreten ist (Tabelle 200). Dies ist in der Regel nicht der Fall. Die verhältnismäßig großen Differenzen zwischen den Molekulargewichten der Dihydrate und Diacetate bei einigen Polymerisaten rühren von der Art der Reinigung her. Die betreffenden Produkte wurden durch Umfällen gereinigt, und da sie gerade an der Grenze zwischen ätherlöslich und ätherunlöslich stehen, bleiben niedere Glieder

---

[1] Diese Viscositäten sind in 0,5 gd-mol. Lösung gemessen.

der Reihe in Lösung. Es folgt also eine Anreicherung der höhermolekularen Anteile. Dies prägt sich auch in der Viscosität und im Schmelzpunkt aus, die bei diesen Diacetaten höher als bei den Dihydraten gefunden werden.

Tabelle 200.

Substanz	Einwage g	Dioxan g	Δ	Mol.-Gew. des Diacetates	Mittelwert	Mol.-Gew. des Dihydrates
KOH-Polymerisat 2	0,1585 / 0,1490	20,66 / 20,66	0,045 / 0,042	850 / 860	860	900
SnCl$_4$-Polymerisat 1	0,2271 / 0,2293	20,66 / 20,66	0,035 / 0,037	1580 / 1510	1550	1230
Kalium-Polymerisat 1	0,2055 / 0,2140	20,66 / 20,66	0,016 / 0,018	3100 / 2900	3000	2200
NaNH$_2$-Polymerisat 1	0,3191 / 0,2664	20,66 / 20,66	0,014 / 0,012	5530 / 5380	5500	5900
NaNH$_2$-Polymerisat 2	0,2976 / 0,2908	20,66 / 20,66	0,0075 / 0,008	9600 / 8800	9200	—

c) **Bestimmung des Acetylgehaltes nach K. FREUDENBERG**[1].

Die Acetylbestimmung nach FREUDENBERG besteht bekanntlich darin, daß die Substanz in absolut alkoholischer Lösung mit p-Toluolsulfosäure umgeestert wird, der entstehende Essigsäureäthylester abdestilliert, mit einer bestimmten Menge Lauge verseift und die überschüssige Lauge zurücktitriert wird. Umestern und Abdestillieren wird dabei 2—3mal wiederholt. Bei der Anwendung der Methode auf Acetylcellulosen stellte sich heraus, daß je nach der Dauer des Umesterns ein schwankender Gehalt an Acetyl gefunden wurde[2]. Es ist daher vorher nachgeprüft worden, ob auch bei Polyäthylenoxyden derartiges eintritt.

α) *Prüfung der Methode.*

Ein Natriumamidpolymerisat (Molekulargewicht 5900) wurde nach der oben angegebenen Methode (s. S. 323) durch vierstündiges Kochen mit Essigsäureanhydrid acetyliert und das Diacetat isoliert. Ein Teil von ihm wurde als erstes Acetylprodukt zurückbehalten. Die Hauptmenge wurde durch neuerliches vierstündiges Kochen mit Anhydrid weiter acetyliert. Das entstandene zweite Acetylprodukt wurde wieder isoliert und mit ihm genau so verfahren. Dies wurde noch einmal wiederholt, so daß man außer dem Dihydrat drei Diacetate hatte. Von allen vier Substanzen wurden die Molekulargewichte und relativen Viscositäten in Benzol in grundmolarer Lösung bestimmt.

Tabelle 201.

Substanz	Einwage g	Dioxan g	Δ	Mol.-Gew.	Mittelwert	η_r in Benzol bei 20°
Dihydrat	0,3146 / 0,2671	20,66 / 20,66	0,013 / 0,011	5860 / 5900	5900	2,05
1. Diacetat	0,3191 / 0,2774	20,66 / 20,66	0,014 / 0,013	5530 / 5180	5400	2,01
2. Diacetat	0,2697 / 0,2723 / 0,2664	20,66 / 20,66 / 20,66	0,011 / 0,012 / 0,012	5940 / 5500 / 5380	5600	2,01
3. Diacetat	0,2672 / 0,2855	20,66 / 20,66	0,014 / 0,016	4630 / 4330	4500	1,97

[1] FREUDENBERG, K.: Liebigs Ann. **433**, 230 (1923).   [2] Versuche von H. SCHOLZ.

Hieraus geht zunächst hervor, daß sich das Molekulargewicht und die Viscosität auch bei weiterer Behandlung mit Essigsäureanhydrid nicht wesentlich verändern. Alle vier Substanzen wurden nun nach der FREUDENBERGschen Methode auf ihren Acetylgehalt geprüft. Es wurden bei der Umesterung diejenigen Zeiten eingehalten, die für N-Acetyl angegeben sind und die doppelt bis dreifach so lang sind wie bei normalen Acetylverbindungen. Außerdem wurde, nachdem eine Bestimmung beendet war, dieselbe Substanz 2 mal von neuem umgeestert und neue Lauge vorgelegt, um festzustellen, ob die Abspaltung von Acetyl weiter geht oder nicht. Zum Titrieren wurde 0,1 molare Lauge und Phenolphthalein als Indicator verwandt.

Man sieht hieraus, daß eine einmalige Acetylierung genügt, und daß die FREUDENBERGsche Bestimmungsmethode schon beim ersten Umestern den richtigen Acetylgehalt liefert.

Es wurden nach dieser Methode alle dargestellten Diacetate geprüft. Dabei wurden zunächst stets Blindproben mit den dazugehörenden Dihydraten ausgeführt. Als Beispiele dieser Bestimmungen seien im folgenden die Acetylbestimmungen von vier niedermolekularen Polyäthylenoxyd-diacetaten, deren Dihydrate durch Polymerisation mit Kalilauge erhalten waren (s. S. 319), und die des höchstmolekularen Polyäthylenoxyd-diacetates, das aus einem Natriumamidpolymerisat dargestellt worden ist, angeführt (Tabellen 203 bis 206).

Tabelle 202.

Substanz	Einwage g	Umestern	ccm NaOH (0,1-n)	Acetyl %
Dihydrat..	0,8757	1. mal	0,30	0,15
		2. ,,	0,20	0,10
		3. ,,	0,07	0,03
1. Diacetat .	0,9792	1. mal	2,83	1,24
		2. ,,	0,20	0,09
		3. ,,	0,10	0,04
2. Diacetat .	0,5942	1. mal	1,80	1,30
		2. ,,	0,07	0,06
		3. ,,	0,07	0,06
		4. ,,	0,00	0,00
3. Diacetat .	1,1284	1. mal	3,37	1,29
		2. ,,	0,17	0,06
		3. ,,	0,17	0,06
		4. ,,	0,10	0,04

β) Kalilaugepolymerisate.

Tabelle 203. Blindproben: Polyäthylenoxyd-dihydrate.

Mol.-Gew.	Einwage g	ccm NaOH (Faktor=0,1971)
800	0,3064	0,17
920	0,9246	0,10
1200	0,3614	0,14
1680	0,4201	0,13

Die Differenzen liegen also noch innerhalb der Fehlergrenze.

Tabelle 204. Acetylbestimmung der Diacetate[1].

Mol.-Gew.	Einwage g	ccm NaOH (0,1971-n)	Acetyl %
800	0,5221	5,83	9,5
	0,4982	5,50	9,4
920	0,5323	5,23	8,3
	0,6287	6,20	8,4
1200	0,5757	4,37	6,4
	0,7063	5,43	6,5
1680	0,3554	1,77	4,2
	0,3343	1,77	4,5

---

[1] Das Molekulargewicht des Polyäthylenoxyd-dihydrats berechnet sich aus dem Acetylgehalt folgendermaßen: $M = \dfrac{100-x}{x} \cdot 86$; $x = $ % Acetyl.

Das Polyäthylenoxyd, ein Modell der Stärke.

γ) *Natriumamidpolymerisat: Mol.-Gew. 13 000.*

Tabelle 205. Blindprobe: Polyäthylenoxyd-dihydrate.

Einwage g	ccm NaOH	Faktor der NaOH
1	0,10	0,2421
0,85	0,04	0,2421
0,803	0,27	0,05

Tabelle 206. Acetylbestimmung des Diacetates.

Einwage g	ccm NaOH	Faktor der NaOH	Acetyl %
1,1094	0,63	0,2421	0,59
1,3654	0,86	0,2421	0,66
0,9537	2,77	0,05	0,63
1,0336	2,94	0,05	0,61

In derselben Weise sind die in Tabelle 143 (s. S. 298) angegebenen Acetylgehalte erhalten worden.

d) Bestimmung des aktiven Wasserstoffs nach Zerewitinoff[1].

Zur Bestimmung des aktiven Wasserstoffs mit Methylmagnesiumjodid wurde ein Kaliumpolymerisat vom Molekulargewicht 2400 verwandt. Als Lösungsmittel wurde über Natrium sorgfältig getrocknetes Anisol benutzt. Die Substanzen wurden im Hochvakuum über Phosphorpentoxyd bis zur Gewichtskonstanz getrocknet.

Polyäthylenoxyd-diacetat.

Einwage: 0,5585 g; bei 15° und 753 mm Barometerstand wurden 2,6 ccm Methan entwickelt, reduziertes Volumen: $v_0 = 2,4$ ccm. Einwage: 0,4557 g, bei 19,3° und 752 mm; 1,9 ccm Methan, $v_0 = 1,8$ ccm.
Ein Blindversuch ohne Substanz lieferte bei 18,4° und 753 mm 2,9 ccm Methan, $v_0 = 2,7$ ccm.
Diese geringen Mengen Methan treten also stets auf und sind zu vernachlässigen.

Polyäthylenoxyd-dihydrat.

Einwage: 0,5652 g, bei 21° und 751 mm: 9,5 ccm Methan, $v_0 = 8,7$ ccm, dem entspricht ein Hydroxylgehalt von 1,2%.
Einwage: 0,6338 g, bei 19,9° und 753 mm Barometerstand: 12,5 ccm Methan, $v_0 = 11,6$ ccm, Hydroxylgehalt 1,4%.
Mittelwert ist also 1,3% OH. Daraus folgt bei Anwesenheit von zwei Hydroxylgruppen im Molekül ein Molekulargewicht von 2600, während kryoskopisch 2200 gefunden wurde.

4. Stickstoffhaltige Polyäthylenoxyde.

Mono- und Dimethylaminpolymerisate enthalten auch nach mehrmaligem Umfällen noch Stickstoff. Sie wurden durch fraktioniertes Ausfällen in zwei Fraktionen getrennt und jede Fraktion nach Kjeldahl auf N-Gehalt untersucht (Tabelle 207).
Die gefundenen N-Gehalte stimmen nicht mit den berechneten überein. Es wurden daher Polymerisationen von Äthylenoxyd unter peinlichem Ausschluß

---

[1] Meyer, H.: Analyse und Konstitutionsermittlung. S. 570. 3. Aufl. 1916.

Tabelle 207.

Katalysator	η_r in 1 gd-mol. Lösung	Mol.-Gew. aus Viscosität	Einwage g	ccm NaOH	Faktor der NaOH	Stickstoff in Proz. gefunden	berechnet
Methyl-amin	1,30	1500	1,5416	8,47	0,0859	0,66	0,9
			1,8065	9,90	0,0859	0,66	
	1,37	1900	2,0525	12,32	0,0859	0,72	0,7
			2,1448	12,50	0,0859	0,70	
Dimethyl-amin	1,40	2000	0,6430	0,74	0,2078	0,34	0,7
			0,7971	0,90	0,2078	0,33	
	1,53	2800	0,5258	1,13	0,2078	0,63	0,5
			0,6968	1,36	0,2078	0,57	

von Wasser mit sorgfältig getrockneten Aminen gemacht und die dabei entstandenen Produkte ebenfalls fraktioniert und auf deren N-Gehalt geprüft (Tabelle 208).

Tabelle 208.

Katalysator	Fraktion	η_r in 0,5 gd-mol. Lösung	Mol.-Gew. aus Viscosität	Einwage g	ccm NaOH (0,1-n)	Stickstoff in Proz. gefunden	berechnet
Methyl-amin	1	1,14	1400	1,7021	9,08	0,75	1,0
	2	1,15	1500	1,3078	6,93	0,74	0,9
	3	1,20	2000	1,5044	5,92	0,55	0,7
Dimethyl-amin	1	1,12	1200	1,1888	4,85	0,57	1,2
	2	1,13	1300	1,0787	5,07	0,66	1,1
				2,0307	8,67	0,60	
				1,3732	5,93	0,60	
	3	1,15	1500	1,1063	2,95	0,37	0,9
				1,2816	3,05	0,33	
	4	1,20	2000	1,1336	6,10	0,75	0,7
				3,0590	14,31	0,66	
				0,9644	4,60	0,67	

Die Molekulargewichte wurden aus den Viscositäten berechnet. Der theoretische Stickstoffgehalt stimmt also auch jetzt mit dem gefundenen nicht überein.

5. Die flüssigen Polyäthylenoxyde.

Die experimentelle Behandlung der flüssigen Polyäthylenoxyde ist im folgenden gesondert dargestellt, da die zu ihrer Bearbeitung dienenden Methoden denen bei niedermolekularen Stoffen entsprechen und diese Substanzen durch Destillation gereinigt werden können.

a) Die flüssigen Polyäthylenoxyd-dihydrate.

α) *Darstellung und Fraktionierung.*

Die flüssigen Polyäthylenoxyd-dihydrate entstehen in geringen Mengen bei der Bildung der festen Polyäthylenoxyde und können aus den ätherischen Mutterlaugen durch Fraktionierung gewonnen werden. Da diese Darstellungsmethode wenig ergiebig ist, wurden sie durch Polymerisation von Äthylenoxyd unter Wasserzusatz bei höherer Temperatur dargestellt.

4 Mol Äthylenoxyd und 1 Mol Wasser, denen 1% KOH zugesetzt war, wurden im Bombenrohr 8 Tage im Schießofen auf 55—60° erhitzt. Danach war der Inhalt

der Rohre hochviscos geworden. Er wurde im Hochvakuum destilliert. Glykol hatte sich hierbei nicht gebildet. Bei der Destillation stieg der Siedepunkt von 120° kontinuierlich bis auf 260°. Zwischen 260 und 265° trat Zersetzung ein; es bildeten sich Nebel und starker Acroleingeruch. Es wurden 4 Fraktionen aufgefangen, von denen die ersten beiden farblos, die letzten etwas gelblich übergingen. Die Färbung verschwand durch wiederholte Destillation nicht vollständig. Bei 0,02—0,04 mm Druck erhielt man folgende Fraktionen:

1. Siedepunkt 120—140° . . . . 20 g
2. „ 140—180° . . . . 28 g
3. „ 180—220° . . . . 19 g
4. „ 220—260° . . . . 24 g

Es wurde im ganzen von 100 g Rohprodukt ausgegangen.

β) Molekulargewichte und Analysen.

Die Molekulargewichte der flüssigen Polyäthylenoxyde wurden wie die der festen in Dioxan bestimmt (Tabelle 209).

Tabelle 209.

Fraktion	Einwage g	Dioxan g	Δ	Mol.-Gew.	Mittelwert	Polymerisationsgrad
1	0,2338	21,88	0,298	180	180	4
	0,2319	21,88	0,297	179		
2	0,0985	21,88	0,106	210	220	5
	0,1806	21,88	0,190	230		
3	0,2006	21,88	0,153	300	310	6
	0,2342	21,88	0,170	315		
4	0,2462	21,88	0,135	420	415	9
	0,2173	21,88	0,120	415		

Tabelle 210. Mikroanalysen.

Polymerisationsgrad	Gefunden in Proz.		Berechnet in Proz.	
	C	H	C	H
4	48,34	9,05	49,45	9,29
5	49,38	9,23	50,4	9,25
6	52,36	9,34	51,05	9,21
9	52,57	9,20	52,2	9,18

γ) Physikalische Eigenschaften.

Die Dichten der 4 Fraktionen wurden mit dem Pyknometer von SPRENGEL-RIMBACH, mit eingeschmolzenem Thermometer, bestimmt. Sie sind mit den Molekularrefraktionen in der folgenden Tabelle 211 zusammengestellt.

Tabelle 211.

Polymerisationsgrad	Dichte bei Temperatur (Grad)		Molekularrefraktion	
			gef.	ber.
4	1,1238	16,6	46,96	47,12
5	1,1243	19,4	58,055	58,002
6	1,1257	17,1	—	—
9	1,1259	18	102,04	101,52

δ) *Viscosität der flüssigen Polyäthylenoxyde*.

Es wurde die Ausflußzeit der 4 Fraktionen im OSTWALDschen Viscosimeter bei 20° bestimmt. Die absolute Viscosität von Dioxan bei 20° beträgt 0,01255 Poise[1]. Daraus und aus den spez. Gewichten wurde die absolute Viscosität berechnet, wobei die HAGENBACHsche Korrektur nicht angewandt wurde. Die dadurch entstandenen Fehler werden aber bei den 4 Fraktionen annähernd dieselben sein, so daß die Werte untereinander vergleichbar sind (Tabelle 212).

Tabelle 212.

Polymerisationsgrad	Ausflußzeit Sekunden	Dichte	Grad	η_{abs} bei 20°
4	181,6	1,1238	bei 16,2	0,49
5	242,6	1,1243	„ 19,4	0,66
6	302,6	1,1257	„ 17,1	0,83
9	457,7	1,1259	„ 18	1,25

ε) *Krystallisationsfähigkeit der flüssigen Polyäthylenoxyde*.

Durch Abkühlen auf —79° erstarren die Fraktionen 4 und 3 krystallin. Von Fraktion 2 krystallisiert ebenfalls der Hauptteil, während Fraktion 1 nur glasig erstarrt und auch durch Reiben und längeres Stehenlassen nicht zur Krystallisation zu bringen ist.

b) Diacetate der flüssigen Polyäthylenoxyde.

Von zwei niederen Polyäthylenoxyd-dihydraten wurden die Diacetate hergestellt nach derselben Methode, wie sie für die höheren Diacetate angewandt wurde. Die Siedepunkte der Diacetate betrugen bei 0,4 mm Druck: Diacetat der Fraktion 2 150—180°, der Fraktion 4 200—255°. Die Siedepunkte der betreffenden Dihydrate betrugen dagegen 140—180° bzw. 220 bis 260°.

Tabelle 213.

Fraktion	Einwage	ccm NaOH (0,2421-n)	Acetyl %
2 {	0,8543	21,98	26,8
	0,7424	18,96	26,6
4 {	0,7834	13,26	17,6
	0,7050	11,88	17,5

Nach der FREUDENBERGschen Methode wurden die Acetylgehalte bestimmt (Tabelle 213).

Aus diesen Werten berechnen sich die Molekulargewichte der Hydroxylverbindungen zu 236 bzw. 405, während kryoskopisch bei diesen gefunden wurde 220 bzw. 415.

c) Die flüssigen Amino-polyäthylenoxyd-hydrate.

Es wurden die Dimethylamino-polyäthylenoxyd-hydrate dargestellt aus Äthylenoxyd und Dimethylamin im Verhältnis 5:1 und 10:1 (in Molen). Äthylenoxyd und Dimethylamin wurden unter Wasserausschluß und sorgfältiger Trocknung über frisch geglühtem Natronkalk in Bombenrohre destilliert, eingeschmolzen und bei Zimmertemperatur liegen gelassen. Die Reaktion verläuft sehr heftig, das Reaktionsgemisch ist tief dunkel gefärbt. Auch Explosionen wurden bei solchen

---

[1] HERZ, W., u. LORENTZ: Ztschr. f. physik. Ch. (A) **140**, 406 (1929).

Polymerisationen beobachtet. Bei der Destillation entwichen zunächst geringe Mengen Dimethylamin. Es wurde zuerst bei gewöhnlichem Druck, dann im Vakuum und schließlich im Hochvakuum destilliert. Aus 45 g Rohprodukt gingen zunächst bei 100—140° 1—2 g Dimethylamino-äthylalkohol (Siedep. 135°) über. Weiterhin wurden erhalten:

Fraktion 1: Siedepunkt 140—150° bei 760 mm . . . . 7 g
„ 2: „ 100—110° „ 12 „ . . . . 6,5 g
„ 3: „ 135—160° „ 12 „ . . . . 7,4 g
„ 4: „ 110—130° „ 0,1„ . . . . 3,5 g
„ 5: „ 130—150° „ 0,1„ . . . . 6,5 g
„ 6: „ 150—190° „ 0,1„ . . . . 3,5 g

Die Substanzen stellen schwach gelbliche bis gelbliche Öle dar, die in Benzol und Äther löslich sind und an der Luft in stark gelb gefärbte unlösliche Autoxydationsprodukte übergehen. Ihre N-Gehalte, nach KJELDAHL bestimmt, ergaben folgende Resultate (Tabelle 214):

Tabelle 214.

Fraktion	Einwage g	ccm NaOH (0,1-n)	Stickstoff %
1	0,1971	12,75	9,1
2	0,1512	6,3	5,8
3	0,1890	5,73	4,2
4	0,2637	5,93	3,1
5	0,2017	3,57	2,5
6	0,2413	4,25	2,5

6. Viscositätsmessungen an Polyäthylenoxyden in Lösung.

Die folgenden Viscositätsmessungen an verdünnten Lösungen von Polyäthylenoxyden wurden entweder im OSTWALDschen Viscosimeter oder im Capillarviscosimeter von UBBELOHDE ausgeführt. Letzteres hatte folgende Dimensionen: Radius der Capillare 0,0144 cm, Länge derselben 14,1 cm, Inhalt der Kugel 0,81 ccm. Für die übrigen Messungen wurden verschiedene OSTWALDsche Viscosimeter benutzt, deren Capillarenweite dem Lösungsmittel entsprechend gewählt wurde.

a) Gültigkeit des HAGEN-POISEUILLEschen Gesetzes.

Die Viscosität des Polyäthylenoxyds vom Molekulargewicht 3500 wurde in grundmolarer Lösung in Benzol bei 20° im UBBELOHDEschen Viscosimeter gemessen. Viscosimeterkonstante 337.

Tabelle 215.

Druck cm Hg	Ausflußzeit Sekunden	Druck × Zeit	η_r
4,96	110,6	549	1,63
4,93	111,8	552	1,64
10,82	51,0	552	1,64
10,56	52,2	552	1,64
14,82	37,6	557	1,65
14,51	38,4	558	1,66
21,20	26,6	563	1,67
21,09	26,4	557	1,65

Untersucht wurde ferner ein Polyäthylenoxyd vom Molekulargewicht 13000 in grundmolarer Lösung in Benzol bei 20° im gleichen Viscosimeter.

Tabelle 216.

Druck cm Hg	Ausflußzeit Sekunden	Druck × Zeit	η_r
5,05	268,8	1357	4,03
6,15	221,2	1360	4,04
9,95	137,0	1364	4,05
11,25	121,2	1364	4,06
14,7	91,8	1350	4,01
16,1	84,2	1356	4,02
19,7	68,2	1344	3,98
21,85	61,6	1346	4,00

Die Schwankungen von η_r liegen innerhalb der Versuchsfehler. Sie betragen im Maximum 2%.

b) **Viscosität in verschiedenen Konzentrationen.**

Die flüssigen Polyäthylenoxyd-dihydrate.

Der Zusammenhang der Viscosität mit der Konzentration wurde an zwei flüssigen Polyäthylenoxyd-dihydraten (Polymerisationsgrad 5 und 9) bei 20° untersucht. Die Konzentration der Dioxanlösung wurde hierbei so gesteigert, daß 1, 2, 3 usw. gd-mol. Lösungen zur Untersuchung kamen. Die spez. Gewichte der Lösungen wurden roh durch Wiegen von 10 ccm Lösung bestimmt. Alle Lösungen wurden durch Abwiegen der genauen Menge Substanz in einem Meßkölbchen von 10 ccm Inhalt und Auffüllen bis zur Marke hergestellt. Die Messungen wurden im OSTWALDschen Viscosimeter ausgeführt. Das spez. Gewicht des Dioxans beträgt 1,0330 bei 20°[1] (Tabelle 217).

Tabelle 217.

Mol.-Gew.	Konzentration in Gd-Mol.	%	Spez. Gew.	$\eta_r = \frac{t_1 \cdot d_1}{t_0 \cdot d_0}$	Mol.-Gew.	Konzentration in Gd-Mol.	%	Spez. Gew.	$\eta_r = \frac{t_1 \cdot d_1}{t_0 \cdot d_0}$
238	1	4,3	1,036	1,10	414	1	4,2	1,039	1,15
	2	8,5	1,039	1,24		2	8,4	1,044	1,33
	3	12,7	1,040	1,39		3	12,6	1,048	1,56
	4	16,8	1,049	1,57		4	16,8	1,050	1,72
	6	25,0	1,058	2,05		6	25,0	1,057	2,32
	8	33,0	1,065	2,73		8	33,0	1,063	3,16
	12	48,9	1,079	4,88		12	49,0	1,077	6,31
	16	64,6	1,088	9,60		16	64,6	1,090	12,4
	20	79,8	1,104	17,2		20	79,8	1,103	29,7
	25,6	100	1,124	52,6		25,6	100	1,126	99,4

Die übrigen Viscositätsmessungen bei verschiedenen Konzentrationen, die im theoretischen Teil in den Tabellen 151 bis 156 angegeben sind, wurden ebenfalls in OSTWALDschen Viscosimetern ausgeführt.

---

[1] HERZ, W., u. LORENTZ: Ztschr. f. physik. Ch. (A) **140**, 406 (1929).

c) Viscosität bei verschiedenen Temperaturen.

Die Viscositätsmessungen bei verschiedenen Temperaturen wurden im OSTWALDschen Viscosimeter ausgeführt. In den Tabellen 218, 219 und 220 sind einige dieser Messungen wiedergegeben. Sie zeigen, daß die relativen Viscositäten in allen Lösungsmitteln nach dem Erwärmen auf 60° wieder völlig auf den Anfangswert zurückgehen.

Tabelle 218. Temperaturabhängigkeit in Eisessig und Tetrabromäthan.

Mol.-Gew.	Konzentration in Gd-Mol.	Relative Viscosität in Eisessig bei			Relative Viscosität in Tetrabromäthan bei		
		20°	60°	wieder abgekühlt auf 20°	20°	60°	wieder abgekühlt auf 20°
920	1	1,39	1,29	1,39	1,39	1,26	1,39
	2	1,82	1,61	1,82	1,87	1,52	1,87
	3	2,32	1,95	2,32	2,45	1,82	2,45
2500	0,5	1,40	1,31	1,40	1,36	1,26	1,36
	1	1,79	1,62	1,79	1,75	1,51	1,75
	2	2,72	2,32	2,72	2,84	2,17	2,84
6400	0,25	1,40	1,32	1,40	1,35	1,27	1,35
	0,5	1,78	1,63	1,78	1,76	1,55	1,76
	1	2,76	2,42	2,76	2,78	2,25	2,78
13000	0,25	1,84	1,68	1,84	1,78	1,59	1,78
	0,5	2,81	2,50	2,81	2,78	2,31	2,78
	1	5,38	4,56	5,38	5,71	4,30	5,71

Tabelle 219. Temperaturabhängigkeit in Dioxan.

Mol.-Gew.	Konzentration in Gd-Mol.	Relative Viscosität bei		
		20°	60°	wieder abgekühlt auf 20°
920	1	1,18	1,16	1,18
	2	1,43	1,37	1,43
	3	1,73	1,60	1,73
6400	0,25	1,20	1,18	1,20
	0,5	1,46	1,42	1,45
	1	2,09	1,97	2,08
13000	0,25	1,50	1,46	1,49
	0,5	2,13	2,00	2,11
	1	3,84	3,45	3,76

Tabelle 220. Temperaturabhängigkeit in Wasser.

Mol.-Gew.	Konzentration in Gd-Mol.	Relative Viscosität bei		
		20°	60°	wieder abgekühlt auf 20°
920	1	1,28	1,23	1,28
	2	1,61	1,49	1,61
	3	2,01	1,80	2,01
6400	0,25	1,25	1,19	1,25
	0,5	1,55	1,42	1,55
	1	2,27	1,97	2,27
13000	0,25	1,56	1,40	1,56
	0,5	2,27	1,91	2,27
	1	4,19	3,29	4,18

MIX
Papier aus verantwortungsvollen Quellen
Paper from responsible sources
FSC® C105338

If you have any concerns about our products,
you can contact us on
ProductSafety@springernature.com

In case Publisher is established outside the EU,
the EU authorized representative is:
**Springer Nature Customer Service Center GmbH
Europaplatz 3, 69115 Heidelberg, Germany**

Printed by Libri Plureos GmbH
in Hamburg, Germany